DeepSeek

| 读懂AI时代的底层逻辑 |

杜雨◎著

中国出版集团
中译出版社

图书在版编目（CIP）数据

DeepSeek：读懂 AI 时代的底层逻辑 / 杜雨著.
北京：中译出版社, 2025.6. -- ISBN 978-7-5001-8237-5

Ⅰ. TP18

中国国家版本馆 CIP 数据核字第 20252RN697 号

DeepSeek：读懂 AI 时代的底层逻辑
DeepSeek：DUDONG AI SHIDAI DE DICENG LUOJI

著　　者：杜　雨
策划编辑：于　宇　田玉肖
责任编辑：田玉肖
出版发行：中译出版社
地　　址：北京市西城区新街口外大街 28 号 102 号楼 4 层
电　　话：（010）68002494（编辑部）
邮　　编：100088
电子邮箱：book@ctph.com.cn
网　　址：http://www.ctph.com.cn

印　　刷：中煤（北京）印务有限公司
经　　销：新华书店
规　　格：880 mm×1230 mm　1/32
印　　张：10.5
字　　数：175 千字
版　　次：2025 年 6 月第 1 版
印　　次：2025 年 6 月第 1 次印刷

ISBN 978-7-5001-8237-5　　　　定价：79.00 元

版权所有　侵权必究
中译出版社

前　言

很多读者是通过《AIGC：智能创作时代》这本书认识我的，如今有幸再一次和中译出版社合作《DeepSeek：读懂AI时代的底层逻辑》这本书。

DeepSeek用户7天就破亿了，人工智能（AI）正以惊人的速度改变着我们的世界。它不仅重塑了我们的工作方式、生活方式，甚至改变了我们对世界的认知。作为AI领域的研究者和实践者，我有幸见证了这一变革，并已经在《DeepSeek使用指南》中与大家分享了我对DeepSeek这一创新平台的理解和应用。

今天，我希望通过《DeepSeek：读懂AI时代的底层逻辑》这本书，为大家提供一个更全面、更深入的视角，帮助大家理解AI，特别是DeepSeek这一平台的内在逻辑和广泛应用。

DeepSeek 不仅是一个工具,更是开启智能新纪元的钥匙,是连接过去与未来的桥梁,是推动产业革命的引擎。

在这本书中,我们将从多个维度探讨 DeepSeek。

首先,我们将在认知篇中介绍 DeepSeek 的起源、功能以及它与市场上其他 AI 平台如 ChatGPT 的区别。接着,我们将深入了解 DeepSeek 的创始人及其背后的团队和机构,以及它如何在中国 AI 发展历程中扮演关键角色。

实操篇将带领读者进入 DeepSeek 的世界,从快速入门到核心功能,再到一键生成 PPT、图表与视频的实操案例精析,让读者能够亲身体验 DeepSeek 的强大功能。

第五章和第六章将展示 DeepSeek 如何助力企业落地,以及如何在农业、制造业、服务业等多个行业中赋能,推动产业的智能化转型。我们将探讨 DeepSeek 如何重塑经济结构,引领教育体系转型,以及它对就业市场的影响。

在战略篇中,我们将分析 DeepSeek 如何助力企业 AI 战略转型,并展望 DeepSeek 如何改变我们的世界。

作为未可知人工智能研究院院长,我深知 AI 技术的发展对人类社会的影响深远。《DeepSeek:读懂 AI 时代的底层逻辑》不仅是对 DeepSeek 的全面解读,更是对 AI 时代底层逻辑的深刻剖析。我相信,通过阅读这本书,大家将能够更好地理解 AI，把握时代脉搏，引领未来潮流。

感谢中译出版社，也感谢每一位读者的支持。让我们一同探索 AI 的旅程，发现更多可能。

杜 雨

未可知人工智能研究院院长

于杭州西湖

目 录

▶ 认知篇 ◀

第一章

DeepSeek：开启智能新纪元的钥匙

第一节　DeepSeek 是谁 ·· 005

第二节　DeepSeek 可以做哪些事 ······························· 018

第三节　DeepSeek 和 ChatGPT ································· 028

第二章

DeepSeek 发展历程

第一节　"DeepSeek 之父"梁文锋 ······························ 045

第二节　DeepSeek 背后的团队与机构 ·························· 060

第三节　产品发布与初期市场反响 ······························· 069

第三章

中国 AI 发展历程：从"四小龙"到"六小虎"再到 DeepSeek

第一节　中国 AI "四小龙"崛起 ································· 083

第二节　AI "六小虎"接力发展 ·································· 099

第三节　DeepSeek 与"六小虎"的协同发展 ·················· 114

I

> 实操篇 <

第四章

操作指南：DeepSeek 零门槛效率革命

第一节　DeepSeek 快速入门与核心功能 …… 125
第二节　DeepSeek 一键生成 PPT、图表与视频 …… 143
第三节　DeepSeek 实操案例精析 …… 159

第五章

企业落地：DeepSeek 辅助企业经济分析

第一节　DeepSeek 助力宏观政策分析 …… 185
第二节　DeepSeek 助力产业经济分析 …… 202
第三节　DeepSeek 助力财务分析 …… 210

第六章

产业革命：DeepSeek 赋能千行百业

第一节　第一产业智能跃迁：DeepSeek 重塑农业
　　　　与资源开发 …… 221
第二节　第二产业效率革命：DeepSeek 驱动制造业
　　　　与工业升级 …… 232
第三节　第三产业创新升级：DeepSeek 引领服务业
　　　　数字化未来 …… 244

战略篇

第七章
DeepSeek 助力企业 AI 战略转型

第一节　从"互联网+"到"DeepSeek+"：所有生意值得再做一遍 ········· 263
第二节　企业各职能部门 AI 战略转型 ········· 272
第三节　企业 AI 转型案例：从"人效焦虑"到"AI 领跑" ··· 285

第八章
DeepSeek 将如何改变我们的世界

第一节　DeepSeek 对经济结构的重塑 ········· 307
第二节　教育体系转型中的 DeepSeek ········· 315
第三节　DeepSeek 与就业市场变化 ········· 320

认知篇
DeepSeek

01

第一章

DeepSeek：
开启智能新纪元的钥匙

第一节　DeepSeek 是谁

人工智能领域正以前所未有的速度拓展边界，不断重塑着我们的生活与认知。在这片充满无限可能的领域中，DeepSeek 宛如一颗耀眼的新星，凭借其独特的技术理念与卓越的创新实力，开辟出属于自己的一方天地。

正如爱因斯坦所说："探索真理比占有真理更为可贵。"DeepSeek 团队正是秉持着这种对未知领域的执着的探索精神，在人工智能的浩瀚宇宙中持续前行，深度挖掘技术潜力，不断追寻智能领域的新高度，开启了一段意义非凡的极客浪漫之旅。

一、名字背后的极客浪漫

DeepSeek 这个名字由两个英文单词组合而成：Deep（深

度)与Seek(探索)。这两个词的结合既直白又深邃。Deep象征着对技术本质的专注,强调模型对知识、逻辑和数据的深度理解能力;Seek则传递了一种永不停歇的探索精神,暗喻人工智能在未知领域的开拓使命。

DeepSeek中文名"深度求索"不禁让人想到《离骚》中的"路漫漫其修远兮,吾将上下而求索",既呼应了中国传统文化中"求知若渴"的价值观,又与英文名形成双语双关的巧妙联结。

有趣的是,这一名字也暗含了技术路径的选择。Deep指向深度学习这一核心技术根基,而Seek则暗示模型通过海量数据主动探索规律的能力。正如DeepSeek官网主页最中间的一句话"探索未至之境",揭示了公司在人工智能领域的前瞻性愿景——不断突破技术边界,迈向未知的智能疆域。

这种主动探索的能力,正是DeepSeek区别于传统AI的关键所在。传统的AI系统往往依赖于预设规则和被动学习,而DeepSeek的模型则被设计为能够从数据中主动发现模式、总结规律,并不断优化自身的认知能力。这种"探索"不仅体现在技术层面,也贯穿于公司的产品研发与应用场景中。无论是自然语言处理(Natural Language Processing,NLP)、计算机视觉

（Computer Vision，CV），还是更复杂的多模态学习，DeepSeek始终致力于让AI系统具备更强的自主学习和适应能力。

"探索未至之境"不仅是对技术目标的描述，也是对团队精神的概括。DeepSeek的研发团队始终保持着对未知领域的好奇心与探索欲，这种精神驱动着他们在通用人工智能（Artificial General Intelligence，AGI）的道路上不断前行。正如梁文锋所言："我们的目标也很明确，就是不做垂类和应用，而是做研究，做探索。"[①] 这种对本质的追问，正是DeepSeek名字背后更深层的意义。

此外，"探索未至之境"也暗示了DeepSeek在全球化布局中的雄心。无论是技术研发、产品落地，还是与全球开发者社区的协作，DeepSeek都在积极拓展新的可能性。这种探索精神不仅体现在技术层面，也体现在公司文化与价值观中，成为推动DeepSeek不断前行的核心动力。

尽管中文名"深度求索"更具文化厚度，但英文名DeepSeek在国际舞台上更广为人知。这种双轨策略背后是深思熟虑的结果：英文名符合GitHub代码库的命名惯例，便于全球开发者在社区传播，而中文名则强化了本土文化认同。

---

① 于丽丽.疯狂的幻方：一家隐形AI巨头的大模型之路［Z/OL］.（2023-05-25）［2025-02-09］.https://mp.weixin.qq.com/s/Cajwfve7f-z2Blk9lnD0hA.

这种平衡在 AI 全球化竞争中至关重要，既能让硅谷工程师快速记住品牌，又能让国内用户感受到中国"智造"的底蕴。

二、一场 AI 平民化运动的诞生

在大语言模型飞速发展的大背景下，DeepSeek 应运而生，成为 AI 时代的重要里程碑。随着大数据和深度学习算法的突破，传统搜索技术面临信息冗余、精准度不足等问题，而 DeepSeek 正是为解决这些问题而诞生的。它旨在通过深度学习技术优化信息检索，提升搜索效率，满足用户对高效、智能化信息处理的需求。

DeepSeek 的诞生背景还与国际环境密切相关。2023 年，美国对华高性能芯片出口的限制加剧了中国在 AI 领域的技术瓶颈。然而，DeepSeek 通过算法优化与自主研发，成功突破了硬件限制，展现了中国 AI 的自主创新能力。这一成就不仅提升了中国在全球 AI 领域的竞争力，也为全球 AI 发展提供了新的视角。

DeepSeek 的发展历程可以分为几个重要阶段（见表 1-1）。2023 年 7 月到 2023 年 11 月是初创与基础模型发布阶段，DeepSeek 成立并发布了首个开源模型 DeepSeek-Coder 和

DeepSeek LLM。2024年2月到2024年5月是模型扩展与多样化阶段，DeepSeek推出了多个专注于不同领域的模型，比如DeepSeekMath、DeepSeek-VL和DeepSeek-V2。2024年6月到2025年3月是技术深化与性能优化阶段，DeepSeek发布了多个升级版本的模型，比如DeepSeek-Coder-V2、DeepSeek-VL2、DeepSeek-V3、DeepSeek-R1和DeepSeek-V3-0324，不断提升模型的性能和应用范围。

表1-1 DeepSeek的发展历程

时间	重大事件
2023年7月17日	DeepSeek成立，由幻方量化创立
2023年11月2日	发布首个开源模型DeepSeek-Coder，支持多种编程语言的代码生成、调试和数据分析任务
2023年11月29日	推出DeepSeek LLM，参数规模达670亿，包括7B和67B的base及chat版本
2024年2月5日	推出DeepSeekMath，基于DeepSeek-Coder-V1.5 7B，专注于数学相关任务
2024年3月11日	发布DeepSeek-VL，一个开源视觉-语言模型，具有较高的视觉任务处理能力
2024年5月7日	发布DeepSeek-V2，采用MoE（Mixture-of-Experts，混合专家）架构，实现了显著的性能提升
2024年6月17日	推出DeepSeek-Coder-V2，提升了编码和数学推理能力，扩展了支持的编程语言数量
2024年12月13日	发布DeepSeek-VL2，改进了视觉语言模型的多模态理解能力

续表

时间	重大事件
2024年12月26日	DeepSeek发布DeepSeek-V3模型，显著提升了知识类任务和生成速度
2025年1月20日	发布DeepSeek-R1，采用强化学习技术提升模型推理能力
2025年3月24日	发布DeepSeek-V3-0324，是DeepSeek-V3模型的版本更新，在推理任务表现、前端代码开发、中文写作、中文搜索等方面的能力都有了进一步提升

资料来源：根据公开信息整理。

在商业化应用方面，DeepSeek迅速扩展到多个领域。例如，在能源和交通领域，道通科技通过DeepSeek实现了"空地一体"的智能解决方案；[①] 在金融行业，金蝶国际成功将DeepSeek融入其全线SaaS应用及云平台，为客户提供更高效、安全的智能解决方案。[②] 此外，DeepSeek还广泛应用于日常生活、家庭教育和职场工作等场景，如撰写演讲稿、制订旅游攻略、数据分析等。

DeepSeek的崛起不仅是技术突破的结果，更是中国AI产业自主创新能力和国际竞争力的体现。它的成功不仅推动

[①] 曹佩，王景宜. DeepSeek影响深远，中国AI市场有望重构［R/OL］. （2025-02-10）［2025-02-12］.

[②] 经观新科技. 金蝶全面接入DeepSeek大模型，驱动企业AI应用新变革［Z/OL］. （2025-02-07）［2025-02-12］. http://www.eeo.com.cn/2025/0207/709774.shtml.

了 AI 技术的普及和应用，也为全球 AI 发展注入了新的活力。

三、DeepSeek 的智能大脑是怎么工作的

（一）"混合专家"架构

DeepSeek 是一种基于先进人工智能技术的模型，它的核心是 Transformer 架构。Transformer 是一种特别擅长处理序列数据（比如文字或语音等）的技术，通过一种叫作"自注意力机制"的方法，可以让模型在处理每个词时，动态地关注句子中的其他词，从而理解它们之间的关系。这种机制就像我们在阅读时会自动聚焦于重要部分一样，帮助模型捕捉语言中的深层含义。

DeepSeek 在 Transformer 的基础上进行了优化和创新。它引入了一种叫作"混合专家"（Mixture of Experts，MoE）的架构，类似于让一群专家共同完成任务。每个专家负责不同类型的任务或数据特征，当输入数据到达时，系统会根据数据的特点选择最适合的专家来处理。这样不仅提高了模型的能力和效率，还能节省计算资源。

怎么理解呢？举一个例子。

想象你教电脑读小说。它不仅要认识每个字，还要理解"他打了篮球，结果手骨折了"这句话中"打篮球"和"手

骨折"的因果关系。DeepSeek用的方法就像给电脑装了一个"超级阅读器"。

1. 第一层技能：抓重点

这个阅读器有个特殊本领——读句子时会自动用荧光笔画重点。比如读到"苹果"这个词，它能立刻联想到前面出现的"果园"和后面出现的"手机店"，就像人脑瞬间厘清这个词是指水果还是指手机品牌。这种"画重点"能力专业上叫作"自注意力机制"。

2. 第二层升级：专家会诊

DeepSeek还搞了个创新设计：给电脑配备不同领域的"专家小组"。比如处理医疗报告时，系统会自动呼叫医学专家模块；分析股票信息时则启动金融专家模块。这就像医院的多学科会诊，不同专家只在自己的专业领域发言，既保证了专业性，又不浪费资源。

这样一来，当你让电脑写一首关于春天的诗，它会先用"画重点"能力理解"春天"相关的意象（如樱花、细雨、风筝等），然后调动诗歌专家模块组合词句，就像有个诗人团队在协作创作。

这样设计的好处显而易见：既让AI更聪明，又不会让它变成耗电怪兽。现在你手机里的一些智能功能，可能正用着类似的技术在后台悄悄工作呢。

（二）DeepSeek 的创新之处

1. 独特的注意力机制

DeepSeek 对自注意力机制进行了改进，引入了局部注意力和稀疏注意力等策略。局部注意力限制了每个位置只能关注其周围的局部区域，减少了计算量，同时保留了对局部语义的有效捕捉。稀疏注意力则通过设计特定的注意力模式，比如固定间隔的关注点，进一步降低了计算复杂度，使得模型能够在更长的序列上进行高效处理，这对于处理大规模文本数据尤为重要。

2. 高效的参数优化方式

在模型训练过程中，DeepSeek 采用了先进的优化算法，比如分布式训练和混合精度训练等。分布式训练通过将模型和数据分布在多个 GPU（Graphics Processing Unit，图形处理器）或 TPU（Tensor Processing Unit，张量处理单元）上，大大加快了训练速度，提高了模型的收敛效率。混合精度训练则结合了浮点数和半精度浮点数的计算，既保证了模型的精度，又减少了内存占用和计算时间，使得模型能够在有限的硬件资源下达到更高的性能。

3. 创新的模型扩展与融合

DeepSeek 不断探索模型的扩展和融合技术。例如，在多模态领域，通过将视觉和语言模型进行有效融合，开发出了 DeepSeek-VL 等多模态大语言模型，实现了对图像和文本的联合理解和生成。这种跨模态的模型扩展，不仅拓宽了模型的应用场景，还提升了模型在复杂任务中的表现。

（三）性能提升与应用拓展

通过上述核心架构和技术创新，DeepSeek 在多个领域实现了性能的显著提升和应用的广泛拓展。在语言生成方面，模型能够生成高质量、连贯且符合语义的文本，广泛应用于文本创作、对话系统、机器翻译等场景。在代码生成领域，DeepSeek-Coder 等模型能够准确地理解编程意图，生成高效的代码片段，辅助开发者提高编程效率。在数学和科学计算方面，模型通过强化数学推理和逻辑运算能力，为科学研究和工程计算提供了有力支持。

四、天才大脑的跨界效应

DeepSeek 的创始团队堪称"中国 AI 界的复仇者联盟"。

第一章 DeepSeek：开启智能新纪元的钥匙

创始人梁文锋原是量化投资领域的"算法巫师"，他创立的幻方量化是国内量化投资"四大天王"[①]之一，也是最早将AI技术应用于A股投资的先锋。2023年，梁文锋成立了DeepSeek，专注于通用人工智能技术研发。

DeepSeek的核心团队成员大多来自幻方量化，他们在量化投资和AI技术方面拥有丰富的经验。幻方量化为DeepSeek提供了强大的技术支持、计算资源和资金保障，使得DeepSeek能够在短时间内迅速发展，并在AI领域取得一系列重要成果。幻方量化为DeepSeek提供了坚实的技术基础和资源支持，而DeepSeek则为幻方量化在AI时代的转型和发展注入了新的动力。

DeepSeek团队成员大多来自国内顶尖院校，如北京大学、清华大学、中山大学等，并且团队平均年龄约为28岁，"90后"占比超75%，"95后"员工占比50%以上。[②] 这些成员的教育背景和科研实力为DeepSeek的技术创新提供了重要支撑。

很多人对于AI都有"理科生专属"的固有印象，误认为

[①] 另外三家是九坤投资、灵均投资、明汯投资。
[②] 中国教育在线. DeepSeek大火，团队成员大多来自国内顶尖院校！你看到了什么？[Z/OL].（2025-02-02）[2025-02-13]. https://www.sohu.com/a/855166534_121798711.

DeepSeek 是一群纯理科生团队，但其实 DeepSeek 是文科生和理科生的融合。虽然 DeepSeek 的核心团队成员大多来自清华大学、北京大学等顶尖院校的计算机科学、人工智能、数学等理工科专业，但团队也积极吸纳了文科生。DeepSeek 的创始人梁文锋在组建团队时，明确表示愿意招揽文科生加入 AI 团队。[①] 这种跨学科的团队构成不仅为技术开发带来了多元化的视角，还在模型训练语料的筛选和优化方面发挥了重要作用。文科生的参与可能涉及语言学、文学等领域的专业知识，帮助提升模型在自然语言处理和文本生成方面的能力。

尤其是大语言模型的本质是"语言"的模型，理论上讲，语言学、文学等文科专业的人才是做好大语言模型研究必不可少的，而正是这种跨学科的团队构成使得 DeepSeek 在技术研发和应用上能够兼顾技术深度与人文广度。

这种融合为 DeepSeek 带来了多方面的优势。一方面，理科生的技术实力为项目提供了坚实的基础，确保了模型的高性能和技术创新；另一方面，文科生的视角使得项目在应用层面更具人性化和实用性，能够更好地满足用户在不同场景下的需求。

---

① 搜狐网. DeepSeek 的成功，原来也离不开文科生？！［Z/OL］.（2025-02-11）［2025-02-13］. https://www.sohu.com/a/857921665_121798711.

第一章　DeepSeek：开启智能新纪元的钥匙

DeepSeek 团队以其独特的优势脱颖而出。他们的年轻化带来了无限的创新活力，跨学科融合赋予了技术以人文的温度，而本土化的根基则为他们提供了坚实的土壤。正是这种年轻、多元与本土的结合，让 DeepSeek 在技术的前沿探索中，不仅能够快速响应时代的需求，更能深刻理解并满足本土市场的独特诉求。

DeepSeek 团队不仅拥有扎实的学术背景，还具备敏锐的科研能力和开放的国际视野。这种年轻化的团队结构使得 DeepSeek 在技术创新上充满活力，尤其是在新型注意力机制 MLA（Multi-Head Latent Attention，多头潜在注意力机制）和强化学习算法 GRPO（Group Relative Policy Optimization，组相对策略优化）等关键领域取得了突破性成果。[①] 此外，团队的本土化特征也为其发展提供了坚实的基础，成员均为中国本土人才，这不仅体现了中国 AI 技术的自主创新能力，也为推动中国式现代化进程贡献了重要力量。通过淡化职级、鼓励自由讨论和创新的组织文化，DeepSeek 为年轻科学家提供了广阔的发展空间和自由的实验平台，进一步激发了团队的创造力

---

① 搜狐网.震撼AI界！DeepSeek大模型通过1/11算力超越Llama3，清北人才成主力［Z/OL］.（2025-01-05）［2025-02-13］.https://www.sohu.com/a/845625543_121924584.

和凝聚力。这些特点共同塑造了一个充满活力、敢于突破的团队，为AI行业的未来发展注入了强大的动力。

他们的成功不仅是技术的胜利，更是对人才多元化的深刻诠释，为未来的人工智能发展提供了一个极具启发性的范例。

第二节　DeepSeek可以做哪些事

大模型技术正以前所未有的速度改变着我们的生活和工作方式，从文本生成到语言翻译，从知识管理到决策支持，AI正在成为人类创造力和效率的延伸。然而，高昂的训练成本和技术壁垒使许多创新者望而却步。DeepSeek的出现，打破了这一局面。它以低成本训练、开源策略和卓越的技术性能，重新定义了AI大模型的竞争格局。无论是创作者、学习者还是企业决策者，DeepSeek都能为他们提供高效、精准的支持，成为推动技术普惠化的先锋力量。

正如计算机科学家艾伦·凯（Alan Kay）所言："预测未来的最好方式，就是创造它。"DeepSeek正以其创新力和开放性，为AI的未来描绘一幅更加平等和多元的图景。

一、全能写手：文本生成与创作

DeepSeek 在文本生成方面的能力非常强大，能够灵活适应多种文体和创作需求，成为从专业写作到创意表达的高效助手。无论是新闻稿、市场报告，还是诗歌、故事，它都能根据用户提供的关键信息快速生成高质量的内容。例如，在新闻写作中，只需输入简单的背景信息，DeepSeek 就能快速构建出一篇结构完整、语言流畅的新闻稿初稿，大幅提升撰写效率。在诗歌创作中，用户可以通过调整"温度参数"来控制文本的随机性，既能生成充满创意的诗句，也能保持逻辑上的连贯性，满足不同风格用户的需求。

在创意写作方面，DeepSeek 的表现同样令人印象深刻。它不仅能理解用户的语义，还能通过多样化的输出激发灵感。比如，当用户输入一个旅游目的地时，它可以自动生成详细的旅游攻略，包括景点介绍、美食推荐和行程安排，为旅行者提供实用的参考。此外，它的创意激发功能还能根据关键词生成故事大纲或诗歌草稿，帮助创作者突破思维瓶颈。通过精心设计的提示词（Prompt）工程，DeepSeek 还能为文案提供不同语言风格的示例，或优化文章结构，成为创作者的得力助手。

值得一提的是，DeepSeek在生成文本时始终注重语言的自然流畅和逻辑的连贯性，同时支持多语言翻译和本地化适配，使其在全球范围内都能发挥作用。无论是企业需要生成专业的市场分析报告，还是个人想要创作一首诗歌，DeepSeek都能提供高效的支持，同时确保人类创作者对内容的最终把控权。这种技术与创意的结合，让DeepSeek成为文本生成领域的佼佼者。

二、免费翻译：语言理解与翻译

DeepSeek在语言理解与翻译领域展现了卓越的能力，能够深度处理复杂的语言现象并准确把握语义内涵。通过先进的语义分析技术，DeepSeek能够解析文本的深层含义，理解词汇、短语和句子之间的复杂关系，甚至在多义词、歧义句等复杂情况下也能作出精准判断。在情感分析任务中，DeepSeek同样表现出色，能够识别文本中的情感倾向和具体情感类型，可广泛应用于社交媒体监控、客户反馈分析等场景。此外，DeepSeek还具备强大的语言生成能力，能够根据上下文生成连贯、自然的文本，适用于对话系统、内容创作和自动摘要等多种任务。其多语言支持能力进一步扩展了应用范围，能够理解和处理多种语言的复杂语义结构，涵盖英语、汉语、法语、西班牙语等主流语言以及一些低资源语言。

在语言翻译方面，DeepSeek 支持全球主要语言的互译，包括英语、汉语、法语、德语、西班牙语、日语、韩语、俄语等，并不断扩展对低资源语言的支持。其翻译模型基于先进的神经网络架构，不仅能够准确传达原文语义，还能保持译文的自然流畅性。通过上下文理解和语境推理，DeepSeek 能够处理复杂的句式结构和文化差异，确保翻译结果符合目标语言的表达习惯。这一技术在跨语言信息交流中发挥了重要作用，无论是商务沟通、学术交流还是日常对话，DeepSeek 都能提供即时、准确的翻译服务，帮助用户跨越语言障碍，实现无缝沟通。同时，DeepSeek 的翻译技术还能促进跨文化传播，通过高质量的翻译帮助不同文化背景的人们更好地理解和欣赏彼此的文化作品，如文学、电影、音乐等，推动了全球文化的多样性和包容性。

在实际应用中，DeepSeek 的翻译技术可以被广泛应用于商务沟通、教育领域、旅游与文化交流以及内容创作与传播等场景。在国际商务中，DeepSeek 帮助企业进行跨语言合同翻译、邮件沟通和会议记录，确保信息传递的准确性和效率；在教育领域，DeepSeek还能支持多语言教学材料的翻译，帮助学生和教师跨越语言障碍，获取全球教育资源；在旅游与文化交流中，DeepSeek的即时翻译功能为旅行者提供了便利，帮助他们更好地理解和融入当地文化；在内容创作与传播中，DeepSeek的翻译技术帮助创作者将作品传播到全球，扩大受众范围，促进文化交流。

总体而言，DeepSeek在语言理解与翻译领域的技术突破，不仅提升了跨语言沟通的效率，还为全球化背景下的信息流通和文化传播提供了强有力的支持。

三、超级学霸：知识管理与学习

DeepSeek在知识管理与学习方面展现了强大的能力，能够从海量信息中高效地提取关键知识，并通过构建知识图谱等方式帮助用户快速掌握某个领域的核心要点。在知识获取方面，DeepSeek利用自然语言处理技术，从互联网、数据库、文献等多种来源中识别和提取关键概念、事实和关系，确保知识的准确性和相关性。在知识整理方面，DeepSeek通过语义分析和聚类技术，将分散的信息整合成结构化的知识体系，便于用户理解和应用。此外，DeepSeek能够自动构建知识图谱,将知识点之间的关系可视化,帮助用户更全面地理解领域的层次结构和关联性。在知识呈现方面,DeepSeek能够提供多种形式,如文本摘要、图表和交互式知识图谱等,用户可以根据需求选择最适合的方式获取信息,并通过交互探索深入挖掘知识细节。

在个性化学习方面,DeepSeek能够根据用户输入的学习进度、兴趣点和学习风格等维度的信息,定制学习内容和计划,从而显著提升学习效率。DeepSeek能够根据用户描述的知识盲点和薄弱环节,提供有针对性的学习建议。同时,DeepSeek通过分析用户的学习行为和反馈,识别用户的兴趣点,并推荐相关的学习资源,激发用户学习兴趣。基于用户的学习目标和时间安排,DeepSeek生成个性化的学习计划,结合最佳学习方法和策略,帮助用户在最短时间内取得最佳学习效果。此外,DeepSeek还提供个性化的学习方案,能够根据用户的具体情况输入来调整难度和内容,确保学习过程既具挑战性,又不会过于困难。

DeepSeek的知识管理与学习能力在多个实际应用场景中发挥了重要作用。在学术研究中,DeepSeek帮助研究人员快速获取和整理文献资料,构建知识图谱,揭示研究热点和趋势;在职业培训中,DeepSeek根据员工的职业发展需求,定制个性化培训计划，帮助员工快速掌握所需技能；在在线教育中，DeepSeek 为学生推荐适合的学习资源，提供个性化学习建议，提升学习效果；在终身学习中，DeepSeek 为学习者提供持续的学习支持和资源，帮助用户不断更新和扩展知识储备。通过知识获取、整理、呈现与个性化学习的有机结合，DeepSeek 为用户提供了高效、便捷的知识管理解决方案，推动了知识传播和学习的智能化发展。

四、逻辑达人：推理与决策支持

DeepSeek 在推理与决策支持方面展现了卓越的能力，能够解决多种类型的逻辑问题和数学问题，其推理过程严谨且结果可靠。在逻辑推理方面，DeepSeek 能够处理复杂的命题逻辑、谓词逻辑和归纳推理等问题，通过形式化推理和规则引擎逐步推导出解决方案，确保推理过程的逻辑严密性。在数学问题求解方面，DeepSeek 能够处理代数、几何、微积分等领域的问题，通过符号计算和数值分析提供精确的解答，并展示详细的解题步骤，帮助用户理解解题过程。DeepSeek 的推理过程基于严格的逻辑规则和数学原理，通过多步验证和交叉检查，确保推理结果的准确性和可靠性。

同时，DeepSeek还注重结果的可解释性，能够详细解释每一步的逻辑和数学依据，帮助用户更好地理解和信任推理结果。

在决策支持方面，DeepSeek在商业决策、科研探索等领域发挥了重要作用，能够为用户提供数据驱动的决策建议，辅助用户降低风险、提高成功率。在商业决策中，DeepSeek通过分析市场数据、财务数据和运营数据，帮助企业制定营销策略、识别潜在风险并制定应对措施。在科研探索中，DeepSeek能够分析实验数据、文献数据和领域知识，帮助研究人员确定研究方向、设计实验方案并优化实验参数。DeepSeek的决策支持基于大数据分析和机器学习模型，能够从海量数据中提取有价值的信息，并通过数据可视化工具将复杂的分析结果直观呈现，帮助用户更好地理解数据和决策依据。此外，DeepSeek还能够帮助用户识别潜在风险并提供相应的风险缓解策略，例如在投资决策中提供分散投资建议，在项目管理中优化进度和资源配置，确保项目顺利完成。

DeepSeek的推理与决策支持能力可以被广泛应用于实际场景中。通过逻辑推理和数据分析的有机结合，DeepSeek能够为我们提供高效、可靠的决策支持解决方案，推动了智能化决策的发展和应用，为各行各业带来了显著的效益提升。

五、推荐神器：个性化定制与服务

DeepSeek 在个性化定制与服务方面展现了强大的能力，当互联网应用接入 DeepSeek 的 API（Application Programming Interface，应用程序接口）以后，能够根据用户的偏好、习惯和行为数据，提供高度定制化的服务体验，从而显著提升用户满意度。其核心能力包括构建用户画像、定制聊天风格、推荐个性化内容以及定制服务模式。通过分析用户的历史行为、兴趣点和使用习惯，DeepSeek 能够构建详细的用户画像，为个性化服务提供数据基础。例如，DeepSeek 可以根据用户的沟通风格调整聊天机器人的语气和回应方式，为喜欢简洁表达的用户提供简短明了的回答，为偏好详细解释的用户提供深入的分析。在内容推荐方面，DeepSeek 能够根据用户的兴趣点和历史行为，推荐个性化的内容，比如在新闻阅读应用中推荐用户感兴趣的新闻文章，或在电商平台中推荐用户可能喜欢的商品。此外，DeepSeek 还能根据用户的需求和使用场景，定制服务模式，例如在智能助手中提供个性化的日程安排和健康管理建议。

DeepSeek 的个性化服务在多个场景中得到了广泛应用，为用户带来了更精准、更贴心的体验。在智能客服场景中，

DeepSeek 能够根据用户的历史咨询记录和偏好，提供更精准的服务。例如，针对多次咨询同一产品的用户，DeepSeek 会自动识别其关注点并提供详细解答，同时根据用户的沟通风格调整客服回应方式，提升沟通效率。在内容推荐场景中，DeepSeek 能够根据用户的兴趣和行为数据，推荐个性化的内容，比如在视频平台中推荐用户可能喜欢的影视作品，或在音乐平台中推荐符合用户偏好的歌单。在智能助手场景中，DeepSeek 能够根据用户的生活习惯和健康数据，提供个性化的日程提醒、健康建议和运动计划。在电商平台中，DeepSeek 能够根据用户的浏览和购买记录，推荐相关的商品和促销活动，帮助用户发现更多感兴趣的产品。

DeepSeek 的个性化服务还可以融入许多我们所熟悉的互联网应用场景中。例如，在新闻阅读应用中融合 DeepSeek 大语言模型，DeepSeek 可以根据用户的阅读历史优先推荐其感兴趣的科技、财经或娱乐新闻；在健康管理应用中融合 DeepSeek 大语言模型，DeepSeek 能够根据用户的健康数据提供个性化的饮食和运动建议；在智能家居场景中融合 DeepSeek 大语言模型，DeepSeek 可以根据用户的作息时间和娱乐偏好，自动调节家居设备设置并推荐合适的音乐或影视内容。

总之，通过个性化定制与服务，DeepSeek 不仅提升了用户体验，还推动了智能化服务的发展，为各行各业提供了更高效、更精准的解决方案，更好地满足用户的个性化需求。

第三节　DeepSeek 和 ChatGPT

OpenAI、Google 等科技巨头凭借雄厚的资金和技术积累，主导了 AI 领域的竞争格局。因为高昂的训练成本和技术垄断，许多中小型企业和开发者难以参与这场技术革命，AI 的普惠化愿景似乎遥不可及。正是在这样的背景下，DeepSeek 以其独特的低成本训练、开源策略和技术创新，打破了传统巨头的垄断，为行业注入了一股新的活力。它不仅大幅降低了 AI 技术的门槛，还通过开放共享的方式，让更多人能够参与 AI 的开发与应用，真正推动了技术的普惠化。

正如科技先驱史蒂夫·乔布斯（Steve Jobs）所说："领导者和追随者最大的区别在于创新。"DeepSeek 正以其创新力和开放精神，重新定义 AI 的未来，让技术不再是少数人的特权，而是全社会的共同财富。

一、训练成本：从"天价"到"平民化"

1. 数据对比

在 AI 领域，训练一个高性能模型的成本曾经高得令人咋舌。以 OpenAI 的 GPT-4 为例，其训练成本高达 4000 万美元[①]，这让许多中小型企业和开发者望而却步。然而，随着技术的进步，这一情况正在发生翻天覆地的变化。以 DeepSeek-V3 为例，其训练成本仅为 557.6 万美元（见表 1-2）。

表 1-2　DeepSeek-V3 训练成本

计费方式	预训练	上下文扩展	后训练	全部
以 H800 GPU 小时数计	2664 千	119 千	5 千	2788 千
以美元计	532.8 万美元	23.8 万美元	1 万美元	557.6 万美元

资料来源：DeepSeek-AI . DeepSeek-V3 Technical Report（2024）。
注：假设 H800 的租赁价格为每 GPU 小时 2 美元。

这一巨大的成本差异背后，是多项先进技术的支撑。DeepSeek-V3 采用了 MoE 架构，这种架构通过将任务分配给多个专家模型来处理，从而减少了单一模型的负担，显著降低了算力需求。此外，FP8 混合精度训练技术的应用，使得模型在训练过程中能够更高效地利用硬件资源，进一步压缩

[①] B. Cottier, R. Rahman, L. Fattorini, N. Maslej, and D. Owen. The rising costs of training frontier AI models（2024）. arXiv preprint arXiv: 2405.21015.

了成本。再加上强化学习优化算法的引入，模型在训练过程中能够自我调整，减少了不必要的计算开销。

2. 行业影响

训练成本的降低，不仅是技术上的进步，更是对整个 AI 行业的巨大推动。过去，只有少数资金雄厚的大公司才能负担得起训练高性能模型的费用。而现在，中小型开发者也能以较低的成本构建出性能优异的 AI 模型（见图 1-1）。

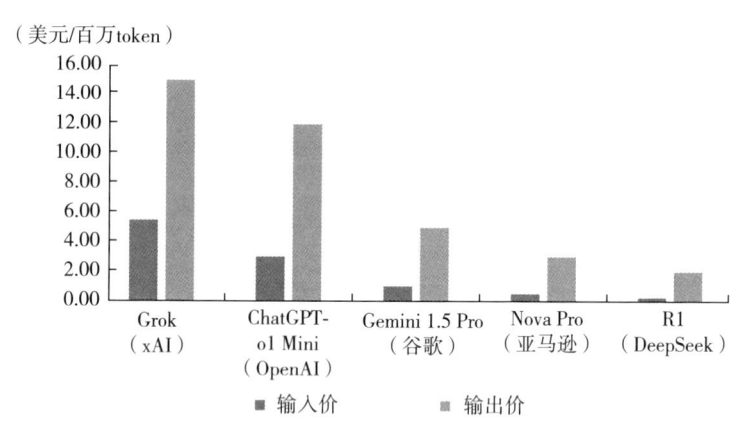

图 1-1　在不同 AI 模型上处理 100 万个 token 的价格

资料来源：DocsBot。

注：一个 token 是 AI 模型处理的最小单位（约 4 个字符），o1 是 ChatGPT 的最新模型，图中包括了每家公司最具可比性的模型。

这种"平民化"的趋势，正在加速 AI 应用的普及。随着 DeepSeek-R1 等模型以更低的成本提供高效的 AI 处理能力，企业和开发者可以更容易地将 AI 集成到他们的产品和服务中。这不仅降低了进入门槛，还鼓励了更多的创新和实验，因为组织不再需要巨大的预算来利用先进的 AI 技术。

此外，随着 AI 变得更加经济实惠，更多的中小型企业也能够参与到这一领域中来，这将进一步推动市场竞争和多样性。小型企业可以利用 AI 来优化它们的运营，提高客户服务水平，甚至开发全新的业务模式，这些都有助于它们在市场上获得竞争优势。

在消费者层面，更广泛的 AI 应用意味着用户可以期待更加个性化和智能化的体验。从智能家居设备到个性化推荐系统，AI 的普及将使这些技术更加普及和易于获取。

这意味着，即使在资源相对匮乏的地区，人们也能享受到 AI 技术带来的便利。无论是语言翻译、图像识别还是智能推荐，AI 技术正在以更低的门槛、更快的速度渗透到我们生活的方方面面。

总的来说，训练成本的降低，不仅让 AI 技术变得更加亲民，也为全球范围内的技术创新和应用普及打开了新的可能性。未来，随着技术的进一步发展，我们有理由相信，AI 将不再是少数人的专利，而是成为每个人都能触手可及的工具。

二、开源策略：从封闭到开放

在 AI 时代，开源与闭源的争论一直备受关注。DeepSeek 的开源策略，正是这一争论中的重要里程碑。DeepSeek 不仅将模型权重、代码库（如 FlashMLA、DeepGEMM 等）以及训练框架全面开源，还采用了 MIT 许可证，允许用户自由使用、修改和商业化。这种全栈开源的方式，降低了中小型企业和个人开发者的技术门槛，使他们能够以较低的成本进行模型微调和应用开发。

DeepSeek 在 2025 年 2 月 24 日至 2 月 28 日进行了一次开源周活动。在活动期间，DeepSeek 每天开源一个核心代码库，总计开放了五个重要的底层技术项目代码库（见表 1-3）。

表 1-3 DeepSeek 开源周项目发布安排

日期	开源项目	项目描述
2025 年 2 月 24 日	FlashMLA	针对 NVIDIA Hopper 架构 GPU 优化的高效 MLA 解码内核，提升大语言模型的推理性能
2025 年 2 月 25 日	DeepEP	为 MoE 和专家并行（EP，Expert Parallelism）量身定制的通信库，优化模型的通信效率
2025 年 2 月 26 日	DeepGEMM	高效的 FP8 GEMM（General Matrix Multiplication，通用矩阵乘法）库
2025 年 2 月 27 日	DualPipe	用于深度学习模型训练的双流水线并行框架

续表

日期	开源项目	项目描述
2025年2月28日	3FS	高性能的并行文件系统,支持训练数据预处理、数据集加载、检查点保存/重载,以及推理阶段的向量嵌入搜索和KVCache查找等功能

资料来源:根据公开信息整理。

DeepSeek举办开源策略具有多方面的重要意义。

一是在技术层面,它推动了技术普惠,通过开源让先进的AI技术能够被全球开发者所使用,降低了技术门槛和成本,例如FlashMLA提升了大模型推理的效率,使开发者能够更高效地进行模型推理。同时,DeepSeek开源的项目在多个技术领域取得了突破,比如DeepGEMM通过仅300行代码打造了一个针对FP8的矩阵乘法工具,加速了AI模型训练,为整个行业树立了新的技术标杆,推动其他公司和开发者不断提升技术标准。

二是在行业层面,DeepSeek的开源举措促进了市场竞争与创新,鼓励了其他公司效仿,形成了一种开放技术生态的氛围,这种竞争和创新的氛围有助于推动AI技术的快速发展,为用户提供更优质的服务。此外,DeepSeek的开源项目挑战了英伟达等巨头的技术垄断,例如DeepEP挑战英伟达NCCL(NVIDIA Collection Communication Library,集合通信库)

生态，打破了硬件与软件耦合的技术壁垒，为行业带来了更多的选择和可能性，促进了技术的多样性和开放性。

三是在生态构建层面，DeepSeek通过开源吸引了全球开发者的关注和参与，形成了一个强大的开源生态。这种生态的形成不仅有助于推动技术的快速迭代和创新，还能为DeepSeek自身的发展带来更多的机会和资源。同时，DeepSeek的开源行为也展示了中国企业在AI领域的技术实力和开放态度，提升了中国在AI领域的全球引领能力，增强了中国在全球AI治理中的话语权，推动了中国AI技术在国际上的认可和应用。

相比较而言，美国的AI公司多采取闭源策略，以保护其核心技术和知识产权，通过提供付费API调用、订阅服务等方式实现盈利。闭源模型如OpenAI的GPT-4.5等，虽然在技术领先性上占据优势，但其限制了技术共享，无法像DeepSeek一样吸引全球开发者共建生态。这种开源模式与闭源模型形成了鲜明对比。闭源模型如OpenAI的ChatGPT和Google的Gemini，虽然在技术上保持领先，但其核心算法和训练数据未完全公开，限制了外部研究者对模型的完全理解和创新能力。这种封闭性虽然有助于商业化和产品稳定性，但在技术共享和生态共建方面存在明显不足（见表1-4）。

表1-4 中美大语言模型开闭源情况梳理（部分）

公司名称	项目名称	国家	开源/闭源
DeepSeek	DeepSeek-R1	中国	开源
阿里巴巴	通义千问	中国	开源
字节跳动	云雀语言模型（Skylark）	中国	开源
腾讯	混元 Large	中国	开源
华为	盘古大模型	中国	闭源
百度	文心一言（Ernie Bot）	中国	闭源
Meta	Llama 3.1	美国	开源
NVIDIA	Llama 3.1	美国	开源
OpenAI	ChatGPT	美国	闭源
Google	Gemini	美国	闭源
Amazon	Nova Pro	美国	闭源

资料来源：根据公开信息整理。

DeepSeek的开源策略不仅是一种技术选择，更是一种文化实践。它通过开放换取社区共创，形成了技术标准的隐形控制。这种策略不仅打破了封闭巨头的垄断生态，还激发了全球开发者的创造力。像DeepSeek-R1和Meta的Llama 3.1这样的开源项目，不仅降低了AI技术的使用门槛，还通过全球开发者的共同努力，推动了AI技术的快速发展。正如DeepSeek创始人梁文锋所言："在颠覆性的技术面前，闭源形成的护城河是短暂的。即使OpenAI闭源，也无法阻止被别人赶超。"[1]

---

[1] 于丽丽. 疯狂的幻方：一家隐形AI巨头的大模型之路［Z/OL］.（2023-05-25）[2025-02-14]. https://mp.weixin.qq.com/s/Cajwfve7f-z2Blk9lnD0hA.

DeepSeek 的开源策略不仅降低了技术门槛，推动了生态建设，还通过社区的力量不断优化模型性能，为 AI 技术的普及和应用提供了新的可能性。

三、技术性能：垂直领域的突破

1. 推理与中文：垂直赛道的"尖峰时刻"

在需要严密逻辑链的数学战场，DeepSeek 展现出了独特的解题智慧。它不仅能够拆解"若 A 包含 B 且 B 包含 C，则 A 与 C 的关系"这类集合论问题，更擅长处理包含多重约束条件的工程计算。当海外顶级 AI 大语言模型 Claude-3.5 还在为非线性方程组的整数解而纠结时，DeepSeek 已能自动切换代数、几何两种思维路径，像同时操控两套思维导图的解题高手。它在 HumanEval-Mul[①] 测试中获得了 82.6 分，这一成绩让它成功超越了 Claude-3.5 的 81.7 分。你可以把 HumanEval-Mul 想象成一份超级复杂的数学试卷，里面全是编程和数学推理题。DeepSeek 就像是一个数学天才，面对这些难题时，总能迅速找到解题思路，给出精准答案。

---

① HumanEval-Mul 是一个用于评估模型编程能力的测试集，主要衡量模型生成代码的准确性和正确性。

中文处理能力则呈现另一种维度的突破。面对"领导说'这个方案很有创意'"这样的职场对话，系统能精准捕捉到"实际可能否定方案"的弦外之音。在古诗文理解测试中，当其他 AI 将"落霞与孤鹜齐飞"直译为晚霞和野鸭飞动时，DeepSeek 会注解出骈文的对仗美学与滕王阁的时空背景——这种文化基因级的理解，源于对中文语料中大量古诗词、歇后语、方言和俗语的深度学习。

2. 局限性：专注者的"选择性偏科"

然而，在美术馆般的多模态世界里，DeepSeek 却更像一位专注文字的解谜者。当用户要求生成"唐代诗人饮酒赏月的山水画"时，系统输出的文字描述堪比艺术评论，却无法像 Stable Diffusion 等许多 AI 生图软件那样挥洒水墨丹青。这种功能上的纯粹性，恰似专精古典文献的学者——能解构《兰亭序》的笔法神韵，却未必擅长即兴创作现代诗歌。

的确，在多模态能力方面，DeepSeek 的表现相对较弱，尤其是在图像生成等任务中。对于普通用户而言的体感就是：与一些竞品（比如豆包、文心一言等）相比，DeepSeek 的功能相对单一，主要集中在文本生成、代码编写和逻辑推理等领域。

这些局限性提示我们，尽管 DeepSeek 在某些垂直领域取得了突破，但在多模态和功能多样性方面仍有提升空间。未来的发展方向可能包括增强多模态能力，以及扩展应用场景以满足更广泛的需求。

四、商业模式：高性价比与市场渗透

1. 定价策略：算力平权的"破局者"

在 AI 服务普遍按"字数"收费的时代，DeepSeek 的定价犹如向市场投下一枚深水炸弹。DeepSeek 通过自研的 DeepGEMM 算法和分布式推理框架，显著提升了计算效率，降低了硬件成本。例如，DeepSeek-R1 的 API 服务定价为每百万输入 tokens 1 元（缓存命中）或 4 元（缓存未命中），而 OpenAI 的类似服务价格高达 55 元和 110 元。这种低成本策略使得中小型企业和开发者能够以极低的价格使用高性能 AI 服务。DeepGEMM 算法将计算效率大幅提升，将每次智能交互的硬件成本压缩到近乎忽略不计。就像当年福特用流水线生产让汽车走进寻常百姓家，DeepSeek 正在让 AI 能力变成触手可及的基础设施。

2. 市场反响：用户增长的"宇宙大爆炸"

这种高性价比的策略不仅让 DeepSeek 在价格上占据了

优势,还迅速推动了市场的渗透。在短短 7 天内,DeepSeek 的用户数量就增长了 1 亿,这一增长速度超越了竞争对手,用户活跃度也显著提升。这种快速的市场反响,不仅证明了 DeepSeek 在技术上的领先地位,也展示了其在商业模式上的成功。这个增长速度甚至超越了 ChatGPT 的历史纪录,在 AI 领域创下"七日亿级"的增长神话。

这种爆发式增长背后是精准的"三层穿透"效应:价格击穿企业采购防线,性能击穿专业领域壁垒,生态击穿开发者准入门槛。

这场商业实验正在重塑行业认知:当科技巨头还在为"AI 是否该按字数收费"争论时,DeepSeek 用白菜价打开了万亿级市场。就像沃尔玛通过极致供应链改造零售业,这种"高性价比+极致渗透"的组合拳,或许正在书写 AI 商业化的新范式——在这个范式里,智能服务的计量单位不再是"千字",而是"心跳",每一次人类与 AI 的思维碰撞,都便宜得值得发生。

五、社会影响:技术平权与行业变革

1. 降低门槛:数字时代的"希望工程"

DeepSeek 的突破性在于撕掉了 AI"贵族技术"的标签。

在传统印象中，AI 技术往往被少数大型企业垄断，研发成本高昂，技术门槛让人望而却步。然而，DeepSeek 的出现改变了这一局面。通过技术创新和优化，DeepSeek 大幅降低了 AI 技术的使用门槛，让更多的中小型企业甚至个人开发者都能轻松接入并应用 AI。这就好比在数字时代开启了一项"希望工程"，为无数有梦想、有创意的人提供了实现想法的可能，让 AI 技术不再是少数人的专属，而是成为大众触手可及的工具。

正如 DeepSeek 创始人梁文锋所言："我们希望更多人，哪怕一个小 App 都可以低成本去用上大模型，而不是技术只掌握在一部分人和公司手中，形成垄断。"

这像极了 20 世纪 90 年代中国普及九年义务教育的过程：当知识资源从稀缺走向普惠，技术革命的果实才能真正落到普通人的掌心。DeepSeek 的开源策略更如同"技术扶贫"，让偏远地区的开发者也能在 GitHub 上"下载未来"。

DeepSeek 用"低成本＋开源＋坚持研究"的组合拳，正在将 AI 从神坛拉进现实。

2. 政策支持：中国城市的"硅谷实验"

杭州，这座以互联网经济闻名遐迩的城市，仿佛是一片孕育科技创新的肥沃土壤。DeepSeek 在这里生根发芽、茁壮成长,绝非偶然。杭州的创业环境,就像春天的花园,充满了生机与活力。这里有着完善的产业链,从硬件制造到软件开发,从风险投资到创业孵化,每一个环节都紧密相连,为科技企业的发展提供了全方位的支持。

政府对科技创新的重视程度,更是让人惊叹。为了推动AI技术的发展,杭州出台了一系列优惠政策,比如提供专项资金支持、税收减免、人才引进等。这些政策就像一场场及时雨,滋润着像DeepSeek这样的企业茁壮成长。在这样的环境下,杭州孕育出了包括DeepSeek在内的多家优秀科创企业,它们被称为杭州"六小龙",各自在不同的领域发光发热,形成了独特的创新产业生态(见表1-5)。

表1-5 杭州"六小龙"

公司名称	成立时间	主营业务	创始人
DeepSeek	2023年	开发先进的大语言模型和相关技术	梁文锋
宇树科技	2016年	研发、生产和销售消费级、行业级高性能通用足式/人形机器人及灵巧机械臂	王兴兴
游戏科学	2014年	开发高品质的3A游戏,如《黑神话:悟空》等	冯冀
强脑科技	2018年	从事非侵入式脑机接口技术研发和应用,有智能仿生手、智能安睡仪等产品	韩璧丞

续表

公司名称	成立时间	主营业务	创始人
云深处	2017年	研发智能足式机器人,如"绝影"系列四足机器人、"山猫"全地形越野机器人等	朱秋国
群核科技	2011年	以AI技术和GPU集群为底座的空间智能企业,拥有空间设计软件"酷家乐"等产品	黄晓煌

资料来源:根据公开信息整理。

这种"政府搭台、企业唱戏"的模式,让杭州成了AI创新的天然温室。就像硅谷当年因斯坦福大学和风险资本结合而爆发,杭州正通过政策创新,将风景如画的西湖变成"数字技术的练兵场"。

02 第二章
DeepSeek 发展历程

第一节 "DeepSeek 之父"梁文锋

一、"小镇做题家"的学习生涯

梁文锋，1985 年出生于广东省湛江市吴川市覃巴镇米历岭村的一个普通家庭，父母都是小学老师。[①] 这个充满书香气息的家庭环境对他的成长产生了深远的影响。梁文锋从小就对知识有着强烈的渴望，父母的言传身教也为他日后的学习和研究打下了坚实的基础。

梁文锋小学就读于吴川市梅菉小学，在小学六年级时就通过考试被吴川市第一中学录取，在吴川一中完成了初

[①] 湛江发布.DeepSeek 创始人梁文锋回家乡踢球！与粤西唯一状元是同乡［Z/OL］.（2025-01-28）［2025-02-14］.https://mp.weixin.qq.com/s/iLOGXcW2MZrysC6I4J4CLQ.

中、高中学业。① 在初中时期，他便自学高中数学，甚至开始接触大学层次的数学。② 2002 年，才 17 岁的梁文锋就以理科 816 分，吴川一中"高考状元"的佳绩考入浙江大学电子信息工程专业。③ 本科毕业后又于 2007 年，考上浙江大学信息与通信工程专业研究生，师从项志宇老师研究机器视觉。

彼时的项志宇老师还是浙江大学的副教授，如今是浙江大学信息与电子工程学院教授、博士生导师，研究方向是机器人环境感知与导航定位和计算机视觉。④ 同时，他还担任信息与通信网络工程研究所副所长。⑤ 项志宇老师博士毕业于浙江大学信电系信息与通信工程专业，可以说既是梁文锋的导师，也是梁文锋的直系师兄。项老师在博士毕业后先后去了葡萄牙阿威罗大学机械工程与自动化研究中心机器人实验室和美国俄亥俄州立大学电子与计算机工程系任博士后，

---

① 新快报. DeepSeek 创始人回广东过年 [Z/OL].（2025-01-27）[2025-02-14]. https://www.toutiao.com/article/7464489081247760911/.

② 搜狐网. 梁文锋：从湛江少年到全球 AI 领域的颠覆者 [Z/OL].（2025-02-01）[2025-02-14]. https://www.sohu.com/a/854966702_121956424.

③ 林明聪. 火遍全网的 DeepSeek 创始人梁文锋来自吴川！更多细节披露 [Z/OL].（2025-01-28）[2025-02-14]. https://www.gdzjdaily.com.cn/p/2910134.html.

④ 参考自 https://person.zju.edu.cn/xiangzy#0。

⑤ 参考自 http://www.iice.zju.edu.cn/redir.php?catalog_id=19906。

而后作为浙江大学引进人才回浙江大学任教。项老师在2004年回浙大任教时，梁文锋正在念大二。

在项老师的指导下，梁文锋于2010年获得硕士学位，毕业论文题目是《基于低成本PTZ摄像机的目标跟踪算法研究》。硕士毕业后一年，梁文锋和导师项志宇联合撰写的论文《一种鲁棒的PTZ摄像机目标跟踪算法》发表在了《浙江大学学报（工学版）》上。而就在2010年梁文锋硕士毕业的同时，另一个人也从浙大博士毕业了，他就是徐进。

二、量化交易的初尝试

徐进是另一位"天才少年"。

他本科就读于浙江大学竺可桢学院混合班，后在浙江大学信电学院信号与信息处理专业攻读博士学位。在学术生涯中，他参与了多个重要项目，如国家"十一五"计划无人车导航项目、原总装备部无人车项目，以及中国探月计划玉兔月球车视觉导航研究项目。[①]

2005年，还在浙江大学读本科的徐进，与学长方毅携手

---

① 参考自 http://www.cmrc.zju.edu.cn/view.php?id=351。

创业，共同注册了一家名为每日互动的公司。

三年后，正值2008年全球金融危机爆发之际，23岁的梁文锋在浙江大学攻读硕士期间，与正在读博士的徐进以及几位同学共同踏上了探索全自动量化交易的征程。他们运用机器学习技术，试图破解金融市场的密码。在当时，这一举动被许多人视为疯狂之举，因为量化投资的盈利能力和可靠性备受质疑。然而，正是这次大胆的尝试，为梁文锋赚得了人生的第一桶金，同时也让他积累了大量的市场行情数据、金融数据以及宏观经济数据。

就在梁文锋硕士毕业的同一年，徐进也博士毕业了。和许多同学都拿到了大厂的offer不同，梁文锋却选择了一条与众不同的道路——他前往成都，在出租屋里继续钻研用计算机进行量化交易的技术。其间，一位在深圳城中村研究飞行器的朋友曾邀请他加入，但梁文锋婉拒了。他心中怀揣着一个更大的梦想，而此刻，他感觉自己已经摸到了实现梦想的门槛。

2010年，梁文锋全身心投入全自动量化交易和AI算法的研究中。这一年，沪深300股指期货正式推出，为量化投资带来了前所未有的机遇。凭借扎实的技术功底和敏锐的市场洞察力，梁文锋带领团队迅速抓住这一机遇，在市场中大显身手。他们的量化投资策略取得了巨大成功，自营资金从最初的 6 万元迅速超过 5 亿元。这一成就不仅验证了量化投资的可行性，也印证了梁文锋父亲一直以来的信念——知识改变命运。在梁文锋年少时，许多人曾劝说他父亲让孩子辍学打工，但他父亲始终坚持教育的重要性。如今，梁文锋用自己的成功诠释了这一信念。

2012 年，深度学习算法 AlexNet 在图像识别领域取得重大突破，震撼了整个 AI 界。这一突破对梁文锋产生了深远的影响。他在后来的采访中表示："2012 年 AlexNet 带来的冲击已经引领一个新的时代。AlexNet 的错误率远低于当时其他模型，复苏了沉睡几十年的神经网络研究。"[1] 梁文锋坚信，AI 必将改变世界，而 AI 的潜力远不止于此。他意识到，必须将多年积累的量化数据充分利用，推动 AI 在更广泛领域的应用。

与此同时，徐进在创办每日互动公司后，先后进入华为和杭州捷尚智能电网科技公司工作。2013 年，梁文锋与徐进再次联手，回到杭州创办了杭州雅克比投资管理有限公司，致力于用 AI 进行量化投资交易。量化交易的核心在于利用

---

[1] 于丽丽. 疯狂的幻方：一家隐形 AI 巨头的大模型之路 [Z/OL]. (2023-05-25) [2025-02-15]. https://mp.weixin.qq.com/s/Cajwfve7f-z2Blk9lnD0hA.

数学模型和 AI 进行自动化投资决策，而这些模型的数据基础正是梁文锋多年探索的成果。

2015 年 4 月 16 日，上证 50 和中证 500 股指期货正式挂牌交易，为量化基金提供了更大的操作空间。两个月后，梁文锋与徐进创办了杭州幻方科技有限公司（后更名为浙江九章资产管理有限公司），立志成为世界顶级的量化对冲基金。幻方量化是最早探索用机器学习替代传统量化策略的机构之一。梁文锋带领团队利用仅有的 10 张 GPU 显卡，采用高频量化投资策略，在国内股灾期间取得了不俗的成绩，使幻方量化逐渐走入大众视野。

梁文锋曾表示："对研究员来说，对算力的渴求是永无止境的。做了小规模实验后，总想做更大规模的实验。"这种对算力的追求驱动着他不断探索更高算力的边界。他时常想象，如果拥有 1000 张甚至 1 万张显卡，能调用的算力将有多么庞大。2015 年 10 月，幻方量化在一天内成立了 10 支产品，两个月后又成立了另外 10 支，①迅速提升了募资能力。

2016 年 10 月 21 日，幻方量化的第一个由深度学习算法模型生成的股票仓位上线实盘交易，标志着其正式进入

---

① 慕泽. 百亿幻方量化规模暴增的后遗症［Z/OL］.（2020-04-24）[2025-02-15］. https://www.163.com/dy/article/FB05FFOC0534A4SC.html.

GPU 计算时代。① 在此之前，算法主要依赖线性模型和传统机器学习算法，计算主要依靠 CPU。同年，幻方量化加入中国证券投资基金业协会，标志着其专业性和规范性得到了官方认可。

梁文锋的创业历程，不仅是一场技术与市场的博弈，更是一场对 AI 未来的探索与期待。他的故事，正是 AI 时代底层逻辑的生动写照。

三、"四大天王"

2017 年堪称具有里程碑意义的一年。就在这一年，Transformer 架构横空出世，宛如一颗重磅炸弹，彻底重塑了自然语言处理的版图，为科研人员开辟出一条前所未有的崭新道路。而与此同时，幻方量化宣布全面将投资策略 AI 化，这一决策犹如在平静的湖面投入巨石，激起千层浪，引来了诸多质疑之声。不少人暗自揣测，这或许只是借着 AI 之名的营销噱头，实则是为了吸引更多资金注入。面对这些纷纷扰扰的议论，梁文锋在《征服市场的人：西蒙斯传》(*The Man*

---

① 参考自 https://www.high-flyer.cn/history。

Who Solved the Market: How Jim Simons Launched the Quant Revolution）的推荐序里写道："和很多新技术一样，量化投资刚出现的时候也是被嘲笑的对象，没有人相信计算机可以像人类一样进行投资。但西蒙斯却敏锐地预见到，随着计算机技术的发展，终有一天'不可能'将会变成现实。"①

詹姆斯·西蒙斯（Jim Simons），素有"量化投资之父"的美誉。1988年，他一手创立的文艺复兴科技公司推出了大奖章基金（Medallion Fund）。相关数据显示，在1988年至2018年这长达30年的时间跨度里，该基金扣除费用后的年化复合收益率高达39.1%，累计为公司创造了1000多亿美元的巨额利润。西蒙斯所取得的辉煌成就如同璀璨星辰，深深影响着梁文锋，成为他踏入量化投资领域的关键引路人。梁文锋曾写道："每当在工作中遇到困难的时候，我会回想起西蒙斯的话：'一定有办法对价格建模。'"②

西蒙斯在招聘人才时，秉持着一条极为独特的原则：只招募那些没有金融背景的数学家、物理学家以及计算机科学家。这一别具一格的理念，也深深烙印在梁文锋的用人策略

---

① 格里高利·祖克曼.征服市场的人：西蒙斯传［M］.安昀，朱易，译.天津：天津科学技术出版社，2021.
② 同上。

之中。梁文锋曾表示，幻方量化在招聘员工时，更看重个人能力，而非过往经验。幻方量化的核心技术岗位的主力军大多是应届毕业生以及毕业一两年的职场新人。因为没有太多经验束缚的人，往往能更纯粹、更深入地思考问题，进而找到贴合实际情况的解决方案。这种独树一帜的企业文化，使得幻方量化在整个行业里脱颖而出，显得格外与众不同。甚至连公司销售团队的骨干成员，也多来自非传统金融领域。

截至 2017 年末，幻方量化旗下所有量化策略均已全面采用 AI 模型进行运算。自 2008 年起，梁文锋团队便开启了漫长的数据积累征程，广泛收集市场行情、金融数据以及宏观经济数据，到此时，数据总量已突破 10PB 大关。2018 年，幻方量化明确将 AI 确立为公司核心发展方向，并在这一年首次荣获私募金牛奖。同年，OpenAI 基于 Transformer 架构，成功推出 GPT-1 模型。梁文锋敏锐察觉到，在 AI 领域，美国再度一马当先，走在了世界前列。不过，他内心坚信，中国定能后来居上，实现反超，最终成为行业领跑者。

2019 年，幻方量化管理规模成功突破百亿元大关。为了更好地把控规模，公司果断暂停旗下所有产品的申购与追加操作。同年，OpenAI 推出拥有 15 亿参数的 GPT-2 模型，进一步推动自然语言生成技术迈向新高度。为了应对日益增长的算力需求，梁文锋高瞻远瞩，着手布局超级算力中心。他不断购入 GPU 显卡，彼时手中已握有 1000 多张显卡，为后续即将到来的算力革命筑牢根基。

2020 年，OpenAI 发布拥有 1750 亿参数的 GPT-3 模型，将 AI 技术的发展推向全新巅峰。同年 5 月，幻方量化斥资 2 亿元打造的深度学习训练平台"萤火一号"正式投入使用，该平台搭载 1100 张高端显卡，其算力相当于 4 万台个人电脑的总和。2021 年 1 月，第二代超算"萤火二号"交付启用，搭载 1 万张高端显卡，算力更是达到"萤火一号"的 18 倍之多。当众多 AI 研究人员还未充分意识到"万卡"算力已然成为通用人工智能领域软硬件方面的关键壁垒时，幻方量化早已对员工调用算力不设任何限制。

2021 年，幻方量化管理规模突破千亿元大关，一举跻身"量化四大天王"之列，行业内流传着"北九坤，南幻方"的说法。然而，这一年公司业绩出现起伏波动，部分低风险对冲产品陷入亏损困境。同年 12 月 28 日，幻方量化通过官方微博发表声明，真诚向投资者致歉，并解释称"长周期持股波动以及策略同质化，是导致业绩表现不佳的主要原因"。尽管业绩出现波折，但幻方量化在合格的投资者群体中的热度依旧居高不下。2022 年，宁波幻方量化在热搜榜上位居第三。

2022年,幻方量化整体收益率仅为0.38%,公司主动将规模缩减至500亿元左右。即便如此,梁文锋和他的团队对技术的执着追求从未有过丝毫动摇。幻方量化彼时已拥有超1万张英伟达A100显卡,这些显卡总价值超3亿美元。梁文锋本人也早已实现财富自由,随后,他匿名向母校浙江大学捐赠2.5亿元。不仅如此,公司每年还会拿出2亿~3亿元投入公益事业。2022年,幻方量化及其员工"一只平凡的小猪"累计捐赠约3.59亿元,用于支持15家慈善机构的23个公益项目。有报道猜测,"一只平凡的小猪"极有可能就是梁文锋本人。

在许多人眼中,梁文锋的人生已然堪称完美,如同书写了一部"赢家剧本"。但在他自己看来,这仅仅是一个全新的起点。他的梦想如同浩瀚星辰,远不止于此。未来,他将继续驰骋在AI和量化投资的赛道上,无畏探索未知领域,全力追逐无限可能。

四、从量化投资到人工智能

2022年,ChatGPT横空出世,举世皆惊。其交互能力之卓越，堪称开天辟地，仅仅两个月，便成功圈粉 1 亿用户，一跃成为史上蹿红速度最快的应用。这一现象级产品宛如一颗火种，瞬间点燃了国内 AI 市场的熊熊烈火。一时间，但凡与 AI 稍有瓜葛的公司，股价均如火箭般蹿升。更有甚者，部分企业连夜炮制出所谓"AI 应用"，妄图搭乘这股热潮的快车。

然而，梁文锋却从中洞察到了更为深刻的问题。他敏锐地意识到，中国 AI 绝不能长久地扮演跟随者的角色。虽说常有人提及中国与美国在 AI 领域仅相差一两年，但实则二者的差距在于原创与模仿的天壤之别。若不改变这一局面，中国便永无成为领跑者的可能。梁文锋清楚，有些探索是无法回避的，也是必须直面的。

2023 年 3 月，OpenAI 发布了 GPT-4 模型，该版本在多模态处理能力方面实现了重大飞跃，能够对文本、图像和音频进行整合处理。人工智能的崭新时代已然来临，梁文锋亦决心再度踏上征程。同年 4 月 14 日，幻方量化通过官方公众号郑重宣告成立新的研究组织，就此开启探索通用人工智能本质的全新旅程。为招揽顶尖人才，公司甚至在招聘海报上引用了法国导演特吕弗（François Truffaut）的名言："务必要疯狂地怀抱雄心，且还要疯狂地真诚。"

梁文锋曾在访谈中表示，"我们要做的是通用人工智能，也就是AGI"，"语言大模型是通往AGI的必经之路，并且初步具备了AGI的特征，所以我们从这里开始"。2023年5月，时年38岁的梁文锋正式宣布进军通用人工智能领域。7月，他创办了杭州深度求索人工智能基础技术研究有限公司，简称DeepSeek。

作为量化投资者中投身AI创业的"第一人"，梁文锋的这一决定引发了广泛关注。事实上，早在幻方量化创业之初，AI技术便已成为其核心工具之一。然而，当他宣布要研发大模型时，收获的并非祝贺，而是质疑：放着好好的量化业务不做，这可是相当赚钱的行当，为何要冒险去做大模型呢？

梁文锋解释道："我们做大模型，其实跟量化和金融都没有直接关系。我们独建了一个名为深度求索的新公司来做这件事。在幻方量化的主要班底里，很多人是做人工智能的。当时我们尝试了很多场景，最终切入了足够复杂的金融，而通用人工智能可能是下一个最难的事之一，所以对我们来说，这是一个怎么做的问题，而不是为什么做的问题。"

诚然，摆在梁文锋及其团队面前的难题并非"为什么做"，而是"怎么做"。他们占据了天时、地利、人和的有利条件。所谓天时，AI发展的时机已然成熟；地利方面，国内拥有超过1万枚GPU的企业屈指可数，幻方量化便是其中之一；人和方面，在幻方量化的核心团队中，许多成员本身就是人工智能领域的资深专家。正是基于这样的背景，梁文锋深信："既然我们想做这个事，又有这个能力，这个时间点上，我们就是最合适人选之一。"

梁文锋的态度可用"舍我其谁"来形容。他深知，多年来，中国公司惯于将国外的技术创新直接引入国内进行应用变现。但他认为，这并非理所当然之事。在这一轮AI浪潮中，DeepSeek的出发点并非趁机捞一笔，而是要勇立技术前沿，推动整个生态的进步。

他谈道："随着经济发展，中国也要逐步成为贡献者，而不是一直搭便车。过去三十多年IT浪潮里，我们基本没有参与到真正的技术创新里。我们已经习惯摩尔定律从天而降，躺在家里18个月就会出来更好的硬件和软件。Scaling Law 也在被如此对待。但其实，这是西方主导的技术社区一代代孜孜不倦创造出来的，只因为之前我们没有参与这个过程，以至于忽视了它的存在。"

梁文锋认为，真正的差距并非一两年的时间跨度，而是原创与模仿的本质差异。他坚信，中国不应坐享其成，而应全力投身于技术创新与研发，成为全球技术生态的积极贡献者。

2024 年 5 月，39 岁的梁文锋率领 DeepSeek 发布了 MoE 语言模型 DeepSeek-V2。该模型的 API 定价为每百万 tokens 输入 1 元、输出 2 元，价格仅为 GPT-4 Turbo 的百分之一。模型一经发布，字节跳动、阿里巴巴、百度、腾讯等大厂纷纷宣布大模型产品降价，一场激烈的行业价格战就此爆发。

梁文锋强调，无论是 API 还是 AI，都应当是普惠的，让人人都能轻松使用。他坚信技术的使命在于服务大众，而非仅仅追求商业利益。这种理念在 DeepSeek 的定价策略中体现得淋漓尽致，他们通过大幅降低大模型的 API 价格，成功掀起了整个行业的价格战，让更多人得以触及 AI 技术。

正是凭借这种"普惠 AI"的理念，DeepSeek 被业界誉为"AI 界的拼多多"。梁文锋和他的团队不仅在技术上力求突破，更在推动 AI 技术的普及与应用方面迈出了关键一步。对他们而言，这不仅是一次商业冒险，更是一场关乎技术未来的深度探索与革新。

第二节　DeepSeek 背后的团队与机构

一、缘起：幻方量化

DeepSeek 的故事始于幻方量化（High-Flyer Capital），一家在量化投资领域颇具影响力的机构。幻方量化成立于 2015 年，创始团队由一群来自顶尖高校和科技公司的年轻科学家组成。他们以数学和计算机科学为基础，致力于通过技术创新提升金融市场的效率。幻方量化的核心优势在于其强大的数据处理能力和算法研发能力，这使得他们在量化投资领域迅速崭露头角。根据幻方量化官网的介绍，团队始终秉持"科技驱动投资"的理念，不断探索前沿技术，并将其应用于实际的投资策略中。幻方量化的成功不仅体现在其优异的投资业绩上，更在于其培养了一批具备创新精神和实践能力的技术人才，这为后续的 DeepSeek 奠定了基础。

幻方量化总部位于杭州，在上海也有办公场所。幻方量化的管理团队由梁文锋、徐进、蔡力宇和陆政哲等关键人物组成。团队成员多为数学、物理、计算机等领域的顶尖人才，包括奥林匹克竞赛金牌得主、AI 领域专家和各学科博士。2020 年的时候团队规模在 130 人左右，开发团队超过 60 人，其中硕博比例 100%。AI Lab 团队 20 余人，核心成员包括国内最早的量化交易者、金牛奖获得者、智能机器人科研领域专家及互联网搜索引擎、大数据与模式识别、深度学习领域的专家等。[①]

幻方量化注重挑选那些没有经验但极具潜力的人才。与传统金融机构不同，幻方量化更倾向于从学术界和科技领域吸纳人才，而非金融行业。这种人才选拔策略使得团队成员能够以创新的视角和思维方式解决量化投资中的复杂问题。同时，公司推行"代码即资产"的理念，鼓励团队成员不断优化算法和模型，提升核心竞争力。

尽管幻方量化在技术研发和投资策略上具有较强的独立性，但公司也注重与外部机构的合作。例如，幻方量化与浙江大学等高校保持紧密合作关系，共同开展学术研究和技术开发。联合创始人徐进担任浙江大学资本市场研究中心特聘研究员。此外，公司还积极参与行业交流活动，分享技术经验和研究成果。这种开放与合作的管理风格，有助于幻方量

---

① 于婧，张剑辉.国金证券-股票量化策略私募基金月报［N/OL］.（2022-11-18）［2025-02-15］.http://mp.weixinqq.com/s/5KBKPXpmFjrFbQxMhF_N0A.

化吸收外部资源，提升自身的技术水平和市场影响力。幻方量化的发展事迹如表 2-1 所示。

表 2-1 幻方量化发展历程

时间	事迹
2008—2014 年	摸索探路：创始团队从零开始探索全自动化交易
2015 年	创始元年：创立幻方量化，依靠数学与人工智能进行量化投资。创始团队意气风发、勇于创新、勤勉奋进，立志成为世界顶级的量化对冲基金
2016 年	第一个 AI 模型：2016 年 10 月 21 日，第一个由深度学习算法模型生成的股票仓位上线实盘交易，使用 GPU 进行计算。在此之前，算法主要依靠线性模型和传统机器学习算法，模型计算主要依赖于 CPU
2017 年	策略全面 AI 化：持续扩大 AI 算法研究团队和 AI 软硬件研发团队。至 2017 年底，几乎所有的量化策略都已经采用 AI 模型计算
2018 年	荣获金牛奖：确立以 AI 为公司的主要发展方向。复杂的模型计算需求使得单机训练遭遇算力瓶颈，同时日益增加的训练需求与有限的计算资源产生了矛盾，寻求大规模算力解决方案。首次获得私募金牛奖荣誉
2019 年	百亿量化：幻方 AI（幻方人工智能基础研究有限公司）注册成立，致力于 AI 的算法与基础应用研究。AI 软硬件研发团队自研幻方"萤火一号"AI 集群，搭载了 500 块显卡，使用 200Gbps 高速网络互联。幻方资本管理（香港）有限公司成立，获得香港九号牌。幻方量化跻身百亿私募

续表

时间	事迹
2020年	"萤火一号"投入使用:"萤火一号"总投资近2亿元,搭载1100张加速卡,于当年正式投用,为幻方的AI研究提供算力支持。幻方资本管理(香港)有限公司获批QFII(合格境外机构投资者)资格,吸引海外资金长期投资A股市场
2021年	"萤火二号"与公益年:幻方AI投入10亿元建设"萤火二号"。"萤火二号"一期确立以任务级分时调度共享AI算力的技术方案,从软硬件两方面共同发力:高性能加速卡、节点间200Gbps高速网络互联、自研分布式并行文件系统(3FS)、网络拓扑通信方案(hfreduce)、算子库(hfai.nn)、高易用性应用层等,将"萤火二号"的性能发挥至极限。幻方量化成为宁波市证券投资基金业协会理事单位。历经约一年半时间的运行,"萤火一号"光荣谢幕。幻方公益工作小组成立,以专业化可持续的公益方式回馈社会
2022年	守望相助,突破极限:幻方量化共计向慈善机构捐赠约2.21亿元,公司员工"一只平凡的小猪"个人捐助1.38亿元,支持15家慈善机构的23个公益项目,在全国范围内帮助弱势群体,促进社会的公平和发展。"萤火二号"取得了多800口交换机互联加核心扩展子树的软硬件架构革新,突破了一期的物理限制,算力扩容翻倍。新的hfai框架让模型加速50%~100%。集群连续满载运行,平均占用率达到96%。全年运行任务为135万个,共计5674万GPU时。用于科研支持的闲时算力高达1533万GPU时,占比达27%

资料来源:根据幻方量化官网信息整理。

从私募排排网的数据来看,幻方量化联合创始人徐进管理的基金之一九章幻方中证500量化多策略1号成立以来，截至2025年3月9日的收益率达到了338.96%。

从幻方量化基金管理人的履历来看，我们可以发现这个团队不仅具备深厚的学术背景，而且在量化投资领域拥有丰富的实践经验。团队成员的教育背景涵盖了电子信息工程、金融、信号与信息处理等多个学科，显示出幻方量化在人才选拔上的多元化和专业性。从业年限从10年到18年不等，表明团队成员在金融行业中具有扎实的工作经验和深厚的行业理解。

二、破局：萤火

在幻方量化的发展过程中，团队意识到AI技术在金融领域的应用潜力远超传统量化模型。于是，他们决定将部分资源投入AI技术的研发中，并于2020年推出了"萤火"AI平台。"萤火"AI是一个专注于金融领域的人工智能平台，旨在通过深度学习、自然语言处理等技术，挖掘海量数据中的隐藏价值，为投资决策提供更精准的支持。"萤火"AI的推出标志着幻方量化从传统量化投资向智能化投资的转型，也为后续的DeepSeek提供了技术积累和人才储备。"萤火"AI

的成功不仅在于其技术的先进性,更在于其团队对金融市场的深刻理解和对技术落地的执着追求。

在幻方量化的官网上,我们可以看到左侧栏目列表中"萤火"和其他栏目的字体都不同,用蓝色艺术字体显示,十分突出。

"萤火一号"于2020年正式投入使用,总投资近2亿元,搭载了1100枚高性能GPU,计算能力相当于4万台个人电脑,每秒可进行1.844亿亿次浮点运算(18.4PFLOPS),支持32位精度计算,平均使用率超过90%。[①]该平台不仅为幻方的AI研究提供了强大的算力支持,还通过任务级分时调度共享AI算力的技术方案,实现了软硬件间的高效协同。

随后,幻方AI在2021年投入10亿元建设了"萤火二号",其算力是"萤火一号"的18倍,达到了325 PFLOPS(TF32),进一步提升了模型训练效率。[②]"萤火二号"采用了约1万张英伟达A100显卡,并在硬件、网络通信、存储系统等方面进行了全面优化,确保了高可用性和高性能。

"萤火"系列平台不仅为幻方的量化投资策略提供了强大的技术支持,还推动了AI技术在金融领域的广泛应用。

[①] 数据来自幻方官网。
[②] 同上。

通过这些平台，策略研究员可以快速验证自己的想法，不受算力和模型大小的限制，极大地提升了研究效率。此外，幻方量化还通过"萤火"平台探索通用人工智能的新路径，进一步巩固了其在 AI 领域的领先地位。

"萤火"的推出不仅是为了满足内部需求，更是为了探索 AI 技术在未来金融市场中的应用潜力。通过构建这样一个高效、稳定的 AI 算力平台，幻方量化不仅能够更快地进行模型迭代和策略优化，还能够吸引更多的顶尖人才加入，共同探索金融科技的无限可能。在《幻方萤火深度学习训练平台使用申请》的开头写着"平台主要面向深度学习研究人员，用户申请经审核通过，将由平台分配使用账号"。"萤火"的建设也体现了幻方量化对于开源精神的支持，鼓励技术共享和交流，促进了整个行业的进步。

"萤火"系列 AI 训练平台是幻方量化在 AI 技术驱动下的重要里程碑，不仅提升了公司的算力水平，还为量化投资和 AI 基础研究开辟了新的可能性。

三、新生：DeepSeek

DeepSeek 团队在公开信息中展现出独特的风貌。从梁文锋的采访以及 DeepSeek 对外发布的招聘信息分析，团队核心成员来自不同领域的顶尖人才。在技术研发方面，汇聚了深度学习、强化学习等领域的资深专家，他们具备丰富的实践经验，曾参与过多个大型人工智能项目的研发，在模型架构设计、算法优化等方面有着卓越的能力。例如，团队中部分成员曾在国际知名的人工智能竞赛中取得优异成绩，其技术实力得到广泛认可。

在招聘风格与标准上，DeepSeek 展现出对多元化人才的强烈渴望。招聘信息显示，他们不仅注重应聘者在人工智能专业领域的知识储备和技术能力，如熟练掌握 TensorFlow、PyTorch 等深度学习框架，具备扎实的数学基础以理解和推导复杂算法，还看重应聘者的创新思维和跨领域学习能力。DeepSeek 积极寻求具有多学科背景的人才，例如计算机科学与生物学、物理学等学科交叉的人才，期望通过不同学科思维的碰撞，为人工智能技术发展开拓新的思路。同时，他们对有创业精神和项目实践经验的应聘者也颇为青睐，希望团队成员能够在快速变化的人工智能行业中，积极主动地推动项目进展，为 DeepSeek 的持续创新发展注入活力。

DeepSeek 采用扁平化管理模式，淡化职级，鼓励员工自由交流和创新思维。这种模式减少了层级间的沟通损耗，提高了决策效率。团队组织形式类似于学术研究机构，成员根据具体目标分成研究小组，形成了"学院派"氛围。通过创始人梁文锋的采访可知，DeepSeek强调淡化职级，鼓励员工自由讨论和创新。公司内部没有固定的分工和层级限制，成员可以根据兴趣选择研究方向，并自由组队。这种管理模式不仅提高了团队的灵活性，还促进了快速响应和决策。

DeepSeek团队以其年轻化的特点在人工智能领域引起了广泛关注。根据多方报道，该团队以"90后"和"95后"为主，成员平均年龄约为28岁，其中"90后"占比超过75%，"95后"占比超过50%。

DeepSeek团队的年轻化不仅体现在年龄上，还反映在成员的职业发展阶段和学术背景上。许多成员或是刚刚踏入职场的应届毕业生，或是在校学生，甚至包括尚未完成学业的博士生及实习生。这种重视"高潜力年轻人"的策略确保了团队拥有持续的创新活力与灵活度。

DeepSeek团队的年轻化不仅体现在年龄和教育背景上，还反映在其创新文化和灵活的管理方式中。这种年轻化的团队结构为DeepSeek在人工智能领域的快速发展提供了强大的动力和支持。

第三节 产品发布与初期市场反响

一、产品发布历程

DeepSeek 作为中国 AI 领域的后起之秀，其产品发布历程不仅展现了技术迭代的加速度，更折射出公司在通用人工智能领域的雄心与远见。从早期模型的初步探索到关键模型的迭代升级，再到获得重大突破的 R1 模型发布，DeepSeek 用两年时间完成了一场从追随者到引领者的华丽蜕变（见表 2-2）。

表 2-2 DeepSeek 模型和产品发布历程

时间	模型	模型简介
2023 年 11 月	DeepSeek-Coder	开源代码生成模型，专注于代码生成和补全，性能接近 GPT-4-Turbo
2023 年 11 月	DeepSeek LLM	通用语言模型，支持多语言对话和文本生成，性能接近 GPT-3.5
2024 年 2 月	DeepSeekMath	专注于数学问题解决，解题准确率高达 98%，推理速度提升 30%
2024 年 3 月	DeepSeek-VL	专注于视觉语言任务，图像描述和视觉问答准确率提升至 90% 以上
2024 年 5 月	DeepSeek-V2	采用 MoE 架构优化，推理成本降低 60%，推理速度提升 4 倍

续表

时间	模型	模型简介
2024年6月	DeepSeek-Coder-V2	升级版代码生成模型，支持更多编程语言，代码生成准确率提升至95%以上
2024年12月	DeepSeek-V3	进一步优化MoE架构，推理成本降低70%，推理速度提升5倍，性能接近GPT-4
2025年1月	DeepSeek-R1	综合性能模型，擅长复杂逻辑推理，多项任务性能逼近GPT-4-Turbo

资料来源：根据公开信息整理。

1. 早期模型的推出：DeepSeek-Coder

2023年11月，DeepSeek发布了其首款AI模型——DeepSeek-Coder，标志着公司在AI领域的正式起航。这款模型专注于代码生成与理解，旨在为开发者提供高效、智能的编程辅助工具。

- **代码生成能力**：支持Python、Java、C++等多种编程语言，可根据自然语言描述生成高质量代码片段，覆盖从简单函数到复杂模块的开发需求。
- **代码补全与优化**：基于上下文感知的智能补全功能，显著提升开发效率；同时提供代码优化建议，帮助开发者减少冗余代码并提升性能。
- **跨语言转换**：支持不同编程语言间的代码转换，为多语言开发团队提供便利。
- **应用场景**：广泛应用于软件开发、教育学习、代码审查等领域，成为开发者手中的"AI编程助手"。

DeepSeek-Coder 的发布为公司积累了宝贵的模型开发经验，也为后续产品的技术升级奠定了基础。

2. 关键模型的迭代升级：DeepSeek-V2

2024年5月，DeepSeek 推出了 DeepSeek-V2 模型，采用 MoE 架构，在性能和成本之间实现了显著平衡，引发了业内的广泛关注。

- **MoE 架构创新**：通过动态路由机制，将任务分配给不同的专家子模型，显著降低推理成本，同时保持高性能输出。
- **推理成本优化**：相比传统架构，DeepSeek-V2 的推理成本降低了 60%，为大规模商用铺平了道路。
- **多模态能力**：支持文本、图像、代码等多模态输入，拓展了模型的应用边界。

- **行业影响**：DeepSeek-V2 的发布标志着公司在模型架构设计上的领先地位，为 AI 行业提供了低门槛、高性能的解决方案。

这一模型的推出不仅巩固了 DeepSeek 的技术优势，也为公司后续产品的研发提供了关键支撑。

3. 重大突破与 R1 模型发布：DeepSeek-R1

2025 年 1 月 20 日，DeepSeek 发布了其里程碑式产品——DeepSeek-R1 模型，该模型在数学、代码及复杂逻辑推理任务中展现了卓越性能，成为公司技术实力的集大成者。

- **数学与逻辑推理能力**：在 GSM8K、MATH 等数学推理基准测试中，DeepSeek-R1 的准确率超越 GPT-4，展现出强大的逻辑分析与问题解决能力。
- **代码生成与优化**：在 HumanEval 等代码生成任务中，DeepSeek-R1 的表现接近人类顶尖开发者水平，同时支持代码的实时优化与重构。
- **推理过程透明化**：引入"思维链"（Chain-of-Thought）机制，使模型的推理过程可视化，提升了用户对 AI 决策的信任度。

- **多任务泛化能力**：DeepSeek-R1 在自然语言理解、图像生成、代码生成等任务中均表现出色，展现了其作为通用 AI 基座的潜力。

DeepSeek-R1 的发布不仅是公司技术实力的集中体现，更是中国 AI 行业在全球竞争中取得突破的标志。该模型在复杂任务中的卓越表现，为通用人工智能的发展提供了新的可能性，同时也为 DeepSeek 在商业化应用场景中的拓展奠定了坚实基础。

DeepSeek 的产品发布历程，从早期的 DeepSeek-Coder 到关键迭代的 DeepSeek-V2，再到里程碑式的 DeepSeek-R1，展现了公司在 AI 技术研发上的持续投入与创新突破。每一步都标志着 DeepSeek 在技术深度与广度上的拓展，也为其在通用人工智能领域的未来布局提供了坚实支撑。在 AI 技术日新月异的今天，DeepSeek 用实力证明了中国科技企业在全球竞争中的崛起与潜力。

二、用户增速创造历史

DeepSeek 产品发布后，用户增长速度惊人。其在 14 天内吸引了 100 万用户，20 天内突破 1000 万用户。[①] 2025 年 1 月，DeepSeek 用户增长达 1.25 亿（含网站和应用），其中 80% 以上用户来自 1 月最后一周，即 7 天内完成了 1 亿用户增长[②]（见图 2-1）。

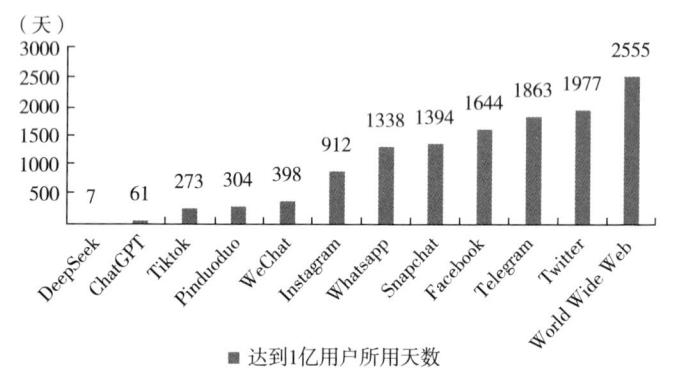

图 2-1 不同平台达到 1 亿用户所用天数

资料来源：数据来自 aicpb.com。

DeepSeek 移动端应用上线 5 天日活就已超过 ChatGPT 同期日活，成为全球增速最快的 AI 应用。2025 年 1 月 25 日推出移动端应用，仅用了 5 天时间就登上了月活跃用户排行榜第 14 位，到 2 月份跃升至第 2 位[③]（见图 2-2）。

[①] 参考自 https://www.51cto.com/article/810123.html。
[②] 参考自 https://news.qq.com/rain/a/20250228A03EHD00。
[③] 同①。

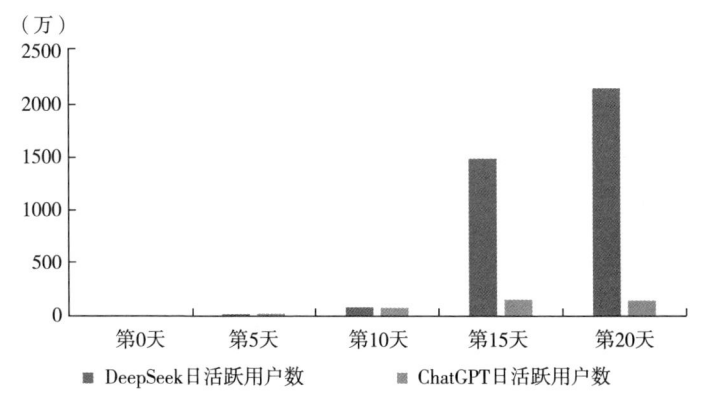

```
（万）
2500
2000
1500
1000
 500
   0
      第0天    第5天    第10天   第15天   第20天
      ■ DeepSeek日活跃用户数      ■ ChatGPT日活跃用户数
```

图 2-2　DeepSeek 和 ChatGPT 日活跃用户数对比

资料来源：数据来自 aicpb.com。
注：App 用户数不含网页端用户数。

在国内市场，DeepSeek 迅速跃居月活用户数榜首，成为国内 AI 应用的领军者。其用户增长不仅体现在数量上，还体现在用户活跃度和参与度上，移动端的日活用户数甚至一度超过其他主流 AI 应用。

DeepSeek 产品发布后，凭借其卓越的性能和开源策略，迅速在全球范围内吸引了大量用户，实现了用户数量的爆发式增长。在国内，其成功推动了 AI 技术在多个行业的应用和布局；在海外，其热度和影响力也不断扩大，成为全球 AI 领域的重要参与者。

根据数据分析公司 Sensor Tower 的数据，DeepSeek 用户在移动设备上的参与度略高于 Perplexity 和 Claude 用户。其用户黏性增强，形成了正反馈循环，推动了其病毒式传播。

三、巨头积极拥抱"新宠"

DeepSeek上线后，各大互联网巨头积极拥抱这一技术，展现了其在AI领域的强大吸引力和市场潜力（见表2-3）。首先，百度率先宣布旗下搜索和文心智能体平台全面接入DeepSeek，为用户提供即时的AI服务体验。腾讯则通过微信搜一搜接入DeepSeek-R1，连接了10亿级用户入口，并通过投资和合作进一步展示其在AI领域的实力。阿里巴巴和字节跳动也迅速跟进，将DeepSeek的AI模型与自有模型结合，或评估整合的可能性。

表2-3 官宣接入DeepSeek的国内公司

层级	类型	相关企业
基础层	国产芯片	华为昇腾、沐曦、天数智芯、摩尔线程、海光信息、壁仞科技、太初元碁、云天励飞、燧原科技、昆仑芯、灵汐科技、鲲云科技等
	云厂商	华为云、天翼云、腾讯云、阿里云、百度智能云、火山引擎、京东云、联通云、移动云、浪潮云等
中间层	AI Infra	无问芯穹、硅基流动、潞晨科技、云轴科技ZStack、PPIO派欧云、并行科技等
应用层	B端软件应用	钉钉、飞书、企微、WPS等

续表

层级	类型	相关企业
	C端用户产品	腾讯系（微信、元宝、QQ浏览器、QQ文档等）、百度系（百度搜索、文小言等）、阿里系（1688）、字节系（即梦、悟空浏览器）
	终端	华为、荣耀、OPPO、vivo、魅族、联想等

资料来源：根据公开信息整理。

  DeepSeek的低成本和高性能吸引了包括华为、京东等在内的多家企业，这些企业纷纷在其生态系统内融合DeepSeek，推动AI技术在多个行业的应用。例如，九号公司通过深度融合DeepSeek，显著提升了其出行App的智能化水平。此外，DeepSeek还被应用于云计算平台，比如阿里云和腾讯云，进一步扩大了其影响力。

  无论是应用层、中间层还是基础层，各大厂商都在第一时间积极接入了DeepSeek。尤其是基础层，甚至连众多海内外芯片厂商和云服务商也都纷纷宣布支持DeepSeek。芯片厂商如AMD、英伟达、英特尔等通过优化硬件性能、提供技术支持和合作开发等动作，助力DeepSeek在不同硬件平台上的高效运行和应用扩展（见表2-4）。云服务商如阿里云、腾讯云、百度智能云等则通过宣布上线DeepSeek大模型、提供推理服务、推出优惠活动等措施，加速了DeepSeek

在云计算领域的普及和应用，推动了 AI 技术的创新与发展。这些合作不仅体现了 DeepSeek 在 AI 领域的强大影响力，也展示了其在全球科技产业中的广泛认可和应用前景。

表 2-4　2025 年宣布接入 DeepSeek 的美国公司

时间	企业	相关行动
1月25日	AMD	将 DeepSeek-V3 模型集成于 Instinct MI300X GPU
1月30日	微软 Azure	DeepSeek-R1 上线微软 Azure AI Foundry 以及 GitHub
1月31日	英伟达	NVIDIA NIM 微服务预览版支持 DeepSeek-R1 模型
1月31日	英特尔	DeepSeek 模型能在酷睿 AI PC 上离线使用
1月31日	AWS	DeepSeek-R1 模型全面上线
2月1日	英特尔	Gaudi 2D AI 加速器支持 DeepSeek Janus Pro 模型

资料来源：根据公开信息整理。

DeepSeek 的崛起不仅打破了传统互联网巨头之间的边界，还推动了资源共享和互联互通的趋势，成为各大互联网巨头竞相拥抱的"新宠"。

四、算力革命

DeepSeek 的爆火也带来了一场算力革命。

一是为国产芯片提供了更多机会，二是解决了部分智算中心算力闲置的问题。

第二章 DeepSeek 发展历程

DeepSeek 通过其创新的 MoE 架构和优化算法，显著降低了模型训练和推理的算力需求。这种低算力需求使得即使是性能较低的 GPU（如英伟达 H20 等）也能胜任 DeepSeek 的本地化部署，从而降低了对高性能芯片的依赖。这为国产芯片厂商提供了更多机会，因为它们可以利用现有的硬件资源进行高效部署，而无须依赖高端 GPU。此外，国产芯片厂商通过适配 DeepSeek 模型，逐步提升了自身在算力生态中的竞争力（见表 2-5）。

表 2-5 芯片参数对比

参数/指标	英伟达 H20	英伟达 A100 80G	昇腾 910B OAM	摩尔线程 S4000 OAM	寒武纪 MLU370-X8
显存容量	96GB	80GB	64GB	48GB	48GB
显存类型	HBM3	HBM2e	HBM2e	GDDR6	LPDDR5
显存带宽	4TB/s	2TB/s	1.6TB/s	768GB/s	614GB/s
FP32 算力	44 TFLOPS	19.5 TFLOPS	—	25 TFLOPS	24 TFLOPS
FP16 算力	148 TFLOPS	321 TFLOPS	376 TFLOPS	100 TFLOPS	96 TFLOPS
FP8 算力	296 TFLOPS	321 TFLOPS	—	—	—
互联方式	NVLink 900GB/s	NVLink 600GB/s	392GB/s	MTLink 240GB/s	MLU-Link 200GB/s

资料来源：根据公开信息整理。

DeepSeek 的开源特性进一步推动了国产算力的整合和优

化。通过开源，DeepSeek 不仅降低了技术门槛，还带动了上下游生态的发展，加速了国产算力的利用。例如，多家国产 AI 芯片厂商迅速接入 DeepSeek 模型，优化了软硬件协同能力。这种生态整合不仅提升了国产算力的利用率，还为智算中心解决了算力闲置的问题（见表 2-6）。

DeepSeek 通过降低算力门槛和优化硬件适配，为国产芯片和算力服务商提供了新的发展机会，并推动了国产算力的整合和优化，从而引发了一场算力革命。

表 2-6　各大厂商纷纷推出 DeepSeek 一体机

厂商	相关规格及产品简介
华为	提供多版本 FusionCube A3000 一体机，支持生态伙伴定制
联想	联合沐曦发布 DeepSeek 大模型一体机解决方案
百度智能云	支持昆仑芯 P800 的 DeepSeek-R1/V3 一体机
新华三	灵犀 Cube 一体机，覆盖 14B 至 671B 规模
京东云	推出金融、政府等数据敏感领域 vGPU 智算一体机
中国移动	智算一体机，全链路适配昇腾生态，分钟级部署
中国电信	息壤智算一体机，支持 DeepSeek-R1 全流程服务
中国联通	星罗算力平台，多尺寸模型预置，一体化算力网支撑
中科曙光	SothisAI3.0 平台，支持 10 亿至 1000 亿参数模型训练
浪潮信息	提供 AI 服务器集群，671B 模型解决方案

资料来源：根据公开信息整理。

03

第三章

中国 AI 发展历程：从"四小龙"到"六小虎"再到 DeepSeek

第一节　中国 AI "四小龙"崛起

一、政策东风与时代浪潮

（一）政策扶持

在 20 世纪末至 21 世纪初，中国政府意识到高科技产业对国家经济发展的重要性，特别是在人工智能领域。为此，政府出台了一系列政策（见表 3-1），旨在推动 AI 技术的研发与应用。具体措施包括以下几个方面。

- **科研资金投入**：政府通过国家自然科学基金、科技重大专项资金等方式，为 AI 研究提供了大量的资金支持，鼓励高校、科研机构和企业进行技术创新。
- **产业园区建设**：政府在全国范围内建设了多个高科技产业园区，如北京中关村、上海张江高科园区等，为 AI 企业提供了良好的发展环境和政策优惠，吸引了大量 AI 初创企业入驻。

- **人才培养**：政府通过高校教育、科研项目和国际合作，培养了一大批 AI 领域的高端人才，为"四小龙"等企业提供了坚实的人才基础。

表 3-1　中国支持人工智能的政策

时间	政策
2015 年 5 月	《中国制造 2025》
2015 年 7 月	《国务院关于积极推动"互联网＋"行动的指导意见》
2016 年 3 月	《中华人民共和国国民经济和社会发展第十三个五年规划纲要》
2016 年 4 月	《机器人产业发展规划 2016—2020 年》
2016 年 5 月	《"互联网＋"人工智能三年行动实施方案》
2016 年 9 月	《智能硬件产业创新发展专项行动（2016—2018 年）》
2017 年 7 月	《新一代人工智能发展规划的通知》
2017 年 12 月	《促进新一代人工智能产业发展三年行动计划（2018—2020 年）》

资料来源：根据公开信息整理。

这些政策为中国 AI "四小龙"（商汤科技、旷视科技、云从科技、依图科技）的崛起奠定了坚实的政策基础，使得它们能够在相对较短的时间内迅速发展壮大。

（二）时代需求

同时，互联网经济的蓬勃发展产生了海量数据，企业急需 AI 技术挖掘数据价值，实现降本增效。这种需求构建了

第三章　中国 AI 发展历程：从"四小龙"到"六小虎"再到 DeepSeek

"四小龙"成长的市场温床。

- **数据爆发**：随着电商、社交平台、移动支付等互联网应用的普及，海量数据不断涌现。企业需要通过 AI 技术对这些数据进行深度挖掘，以提升运营效率、优化用户体验，并借此开发新的商业模式。
- **降本增效**：在竞争日益激烈的市场环境中，企业迫切需要通过 AI 技术实现自动化、智能化，从而降低运营成本、提高生产效率。AI 技术在图像识别、语音识别、自然语言处理等领域的应用，为企业提供了新的解决方案。
- **创新驱动**：AI 技术的快速发展催生了许多新的应用场景，如智能客服、智能推荐系统、自动驾驶系统等，为企业带来了新的增长点。这些创新需求推动了"四小龙"等 AI 企业的快速成长。

根据互联网数据中心（Internet Data Center，IDC）和申万宏源研究所彼时的一份数据报告显示，AI"四小龙"在我国计算机视觉市场所占份额在 2019 年已经超过了一半（见图 3-1）。

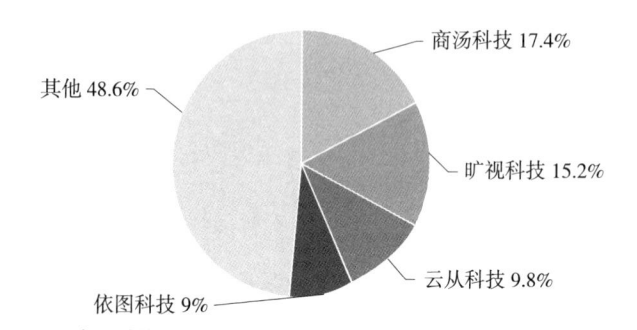

其他 48.6%
商汤科技 17.4%
旷视科技 15.2%
云从科技 9.8%
依图科技 9%

■商汤科技 ■旷视科技 ■云从科技 ■依图科技 ■其他

图 3-1　2019 年中国 AI"四小龙"所占市场份额

资料来源：数据来自 IDC，申万宏源研究所。

（三）"四小龙"的崛起

在政策扶持和时代需求的双重推动下，中国 AI 领域的"四小龙"——商汤科技、旷视科技、云从科技和依图科技迅速崛起，成为全球 AI 行业的重要力量。

- **商汤科技**：成立于 2014 年，是一家专注于计算机视觉和深度学习技术的公司。它的名字来源于中国古代的商汤王，寓意着公司在 AI 领域的创新精神和领导地位。商汤科技以其强大的算法和丰富的应用场景，迅速在安防、金融、手机、汽车等多个行业占据重要地位。它的人脸识别技术，更是在全球范围内处于领先地位，为无数企业和政府机构提供了高效、准确的解决方案。

- **旷视科技**：成立于 2011 年，由三位清华大学的学生创立。它的名字"旷视"寓意着"旷世之视"，表达了公司对视觉技术的无限追求。旷视科技以其核心的人脸识别技术，迅速在安防监控、智能硬件、金融等多个领域取得了突破。它的技术不仅服务于中国的市场，更在全球范围内得到了广泛应用，成为中国 AI 走向世界的一张名片。

- **云从科技**：成立于 2015 年，是一家专注于人脸识别、智能视频分析等技术的公司。它的名字"云从"寓意着"云随人动，从心所欲"，表达了公司对智能生活的向往。云从科技以其先进的技术和丰富的应用场景，迅速在银行、机场、地铁等多个行业赢得了市场。它的人脸识别技术，更是在智慧出行领域发挥了重要作用，给人们的出行带来了极大的便利。

- **依图科技**：成立于 2012 年，是一家专注于计算机视觉、自然语言处理等技术的公司。它的名字"依图"寓意着"依图而治"，表达了公司对 AI 技术的深刻理解和应用。依图科技以其强大的算法和丰富的应用场景，迅速在医疗、金融、安防等多个领域取得了突破。它的医疗 AI 技术，更是在全球范围内处于领先地位，为无数医疗机构提供了高效、准确的解决方案。

这些企业不仅在技术上取得了突破，还在商业模式上不断创新，推动了中国 AI 产业的快速发展。

随着中国政府对 AI 产业的持续支持以及市场需求的不断增长，中国 AI"四小龙"有望在未来继续保持高速发展，并在全球 AI 领域占据更加重要的地位。同时，随着技术的不断进步，AI 将在更多行业和场景中得到应用，进一步推动中国经济的数字化转型和高质量发展。

然而，中国"四小龙"在发展过程中也面临诸多挑战。尽管云从科技成功通过科创板上市，成为"四小龙"中首个上市的公司，但整体来看，"四小龙"普遍处于亏损状态，需要面对盈利模式不明、数据合规、研发投入大等问题。此外，还有行业泡沫化现象严重、融资依赖性强、商业化落地难度大的问题。

在这样的背景下，各大互联网巨头也开始通过设立 AI 实验室等方式积极布局与人工智能相关的研究，并为其主营业务进行 AI 赋能。

第三章　中国 AI 发展历程：从"四小龙"到"六小虎"再到 DeepSeek

二、互联网巨头的 AI 之路

在中国 AI 的版图上，除了"四小龙"之外，还有几家企业以其独特的 AI 布局和创新能力，深刻影响着整个行业的发展。它们的故事，正是中国 AI 崛起的一个缩影。

- **百度**：百度成立于 2001 年，最初以搜索引擎起家，但它的野心远不止于此。2011 年，百度翻译上线，成为 AI 技术应用的早期尝试。2016 年，百度大脑项目启动，标志着百度正式进军 AI 领域。通过语音识别、图像识别、自然语言处理等技术的积累，百度逐步构建起一个庞大的 AI 矩阵。这些技术不仅赋能了百度的核心业务，还延伸到了无人驾驶、智能家居等前沿领域。百度 Apollo 自动驾驶平台，就是其 AI 技术落地的典型代表。
- **字节跳动**：字节跳动成立于 2012 年，虽然起步较晚，但它凭借 AI 技术迅速崛起。2012 年 8 月，字节跳动推出了首款基于数据挖掘技术的个性化推荐引擎产品——今日头条，标志着算法推荐机制的正式上线；2016 年，今日头条孵化出抖音，通过 AI

技术精准分发内容，迅速风靡全球。AI 不仅让用户看到了更感兴趣的内容，也让广告投放更加精准，成为字节跳动盈利的重要引擎。可以说，字节跳动的成功，正是 AI 技术与商业模式完美结合的典范。

- **腾讯**：腾讯成立于 1998 年，微信的诞生（2011 年）不仅改变了中国人的社交方式，也推动了腾讯在 AI 领域的布局。腾讯的 AI 技术广泛应用于游戏开发、用户体验优化等领域，而其优图实验室则专注于计算机视觉技术，为社交、金融、医疗等行业提供智能化解决方案。比如，微信的"扫一扫"功能背后，就是腾讯 AI 技术的支撑。

- **科大讯飞**：科大讯飞成立于 1999 年，专注于语音技术的研究与应用。2008 年，科大讯飞在语音识别技术上取得重大突破，随后推出的智能语音助手迅速落地。2015 年，科大讯飞发布 AI 教育产品，将技术应用于教育、医疗、政法等行业。如今，科大讯飞的语音技术已经成为行业标杆，甚至在国际舞台上占据一席之地。

- **阿里巴巴**：阿里巴巴成立于 1999 年，作为中国电商的领军者，阿里巴巴很早就意识到 AI 技术的重要性。2017年，阿里云正式推出ET大脑，标志着阿里巴巴正式进军AI领域。阿里巴巴的AI技术广泛应用于电商、物流、金融、云计算等多个业务板块。例如，AI技术被应用于优化淘宝的推荐系统、提升菜鸟物流的配送效率，以及赋能蚂蚁金服的风控体系。此外，阿里巴巴还通过达摩院布局AI基础研究，推动技术创新。

这些企业不仅推动了中国AI技术的发展，更在全球范围内展现了中国AI的力量。它们的故事，是中国AI发展的缩影，也是全球AI发展的见证。

三、技术突围与行业赋能

（一）数据金矿：AI的燃料

数据是AI发展的燃料，没有数据，AI就像没有油的汽车，无法行驶。在AI领域，数据的质量、数量和多样性直接决定了AI模型的性能和泛化能力。

百度、腾讯等互联网大厂拥有海量的用户数据，这些数据为他们的AI模型提供了丰富的训练素材。例如，百度的搜索数据、腾讯的社交数据等，都是训练 AI 模型的宝贵资源。同时，这些公司也在不断探索新的数据获取方式，如通过传感器、物联网等技术收集更多的数据，以进一步提升 AI 模型的性能。

AI "四小龙"也在数据方面下足了功夫。商汤科技、旷视科技等公司通过与各行各业的合作，获取了大量的行业数据，这些数据对于训练特定领域的 AI 模型至关重要。例如，商汤科技在安防领域的数据积累，使其在人脸识别技术上占据领先地位。

（二）算法革新：AI 的灵魂

算法是 AI 的灵魂，它决定了 AI 模型的智能程度和解决问题的能力。在 AI 领域，算法的创新和优化是推动技术进步的关键。

字节跳动的算法推荐引擎就是算法创新的典型代表。通过不断优化算法，字节跳动能够精准地分析用户的兴趣和行为，为用户提供个性化的内容推荐。这种算法的创新，不仅提升了用户体验，也为广告提供了更高效的投放方式。

科大讯飞在语音识别技术上的突破，也是算法创新的成果。通过不断优化语音识别算法，科大讯飞能够实现更准确、更自然的语音识别，为教育、医疗等行业提供了智能化的解决方案。

AI"四小龙"在算法方面也取得了显著的成就。商汤科技、旷视科技等公司通过自主研发的算法，实现了在计算机视觉、自然语言处理等领域的技术突破，为多个行业提供了智能化的解决方案。

（三）算力拓展：AI 的引擎

算力是 AI 的引擎，它决定了 AI 模型的训练速度和运行效率。在 AI 领域，算力的提升是实现技术突破和行业赋能的基础。

百度、腾讯等互联网大厂拥有强大的算力资源，这些资源为它们的 AI 模型提供了强大的计算支持。例如，百度的 Apollo 平台、腾讯的优图实验室等，都需要强大的算力来支持其 AI 模型的训练和运行。

AI"四小龙"也在不断提升自身的算力。商汤科技、旷视科技等公司通过建设自己的数据中心，使用高性能的计算设备等，不断提升自身的算力，以支持其 AI 模型的训练和运行。

总的来说，数据、算法、算力是 AI 发展的三大支柱。中国的互联网大厂和 AI"四小龙"正是依托这三大支柱，实现了技术突围和行业赋能。在未来，随着数据的不断积累、算法的不断创新、算力的不断提升，我们有理由相信，这些企业将会在更多的领域实现技术突围与行业赋能，为人类社会带来更多的便利和进步。

四、行业引领与人才培养

在中国 AI 的快速发展中，互联网大厂和 AI "四小龙"不仅在技术上取得了突破，还通过行业引领和人才培养，为整个 AI 生态的建设奠定了坚实基础。这些努力不仅推动了行业的标准化和规范化，也为后续中国 AI "六小虎"和 DeepSeek 等新兴企业的崛起提供了重要的支撑。

技术标准是行业发展的基石，这些企业在技术标准制定方面发挥了重要作用。通过参与行业标准的制定，它们推动了 AI 技术的规范化和标准化发展，为整个行业的健康有序发展提供了保障。

- **百度**在自动驾驶领域，通过 Apollo 平台，推动了自动驾驶技术标准的制定，为行业的健康发展提供了指导。

- **腾讯**在金融科技领域,通过与金融机构合作,参与了金融 AI 应用的技术标准制定,提升了金融 AI 应用的安全性和可靠性。
- **AI"四小龙"**在各自的专业领域,如计算机视觉、语音识别等,也积极参与技术标准的制定,推动了相关技术的规范化发展。

科研合作和人才培养是推动技术进步和行业发展的关键,在科研合作与人才培养方面,这些企业积极与高校和科研机构合作,共同推动 AI 技术的研发和应用。例如,互联网大厂通过建立完善的人才培养体系,吸引和培养大量优秀人才,为 AI 技术的快速发展提供了强有力的人力支持。同时,它们还通过与高校的合作,推动了 AI 技术的创新和应用,进一步提升了行业的整体水平。

- **字节跳动**通过与高校合作,设立研究基金,支持 AI 领域的基础研究,同时通过内部的人才培养计划,培养了一批 AI 领域的专业人才。
- **科大讯飞**与国内外多所高校建立了合作关系,共同开展 AI 技术的研究和人才培养,为语音识别等领域的发展提供了人才支持。

- **AI"四小龙"** 也通过与高校的合作,设立了联合实验室,共同开展AI技术的研究,同时通过实习生计划、校招等方式,吸引了大量的优秀毕业生加入,为公司的发展注入了新鲜血液。

正是这个阶段的积累,为中国AI领域后续的发展提供了坚实的基础。通过制定技术标准,确保了AI技术的规范化和健康发展;通过科研合作与人才培养,为AI领域输送了大量的专业人才。这些工作不仅推动了当前AI技术的发展,也为后续"六小虎"的崛起和DeepSeek的创新提供了必要的条件。

在未来,随着AI技术的不断进步和应用的不断拓展,我们有理由相信,中国的AI领域将会迎来更多的创新和发展。而互联网大厂和AI"四小龙"在这个阶段所做的工作,将会成为推动这些创新和发展的重要力量。

五、挑战与突破

彼时,中国的互联网大厂和AI"四小龙"在引领行业发展的同时，也不可避免地面临着一系列挑战。其中，国际竞争和技术瓶颈的突破是它们必须应对的两大核心问题。

（一）国际竞争

随着全球 AI 技术的快速发展，国际竞争日益激烈。中国的 AI 企业不仅要与国内的同行竞争，还要面对来自全球的科技巨头的挑战。

- **百度、腾讯**等互联网大厂在无人驾驶、智能家居等领域与谷歌、亚马逊等国际巨头展开竞争。这要求它们必须不断提升自身的技术水平，加强国际合作，以保持在全球市场的竞争力。
- **AI"四小龙"**在计算机视觉、语音识别等领域也面临着来自国际对手的竞争压力。为了在国际市场上占据一席之地，它们需要加大研发投入，提升技术创新能力，同时积极拓展国际市场，加强与国际客户的合作。

（二）技术瓶颈

技术瓶颈是限制 AI 技术进一步发展的关键因素。中国的AI企业在推动技术进步的同时，也在不断寻求突破这些瓶颈的方法。

- **字节跳动**在内容推荐算法方面取得了显著成就，但如何进一步提升算法的准确性和效率，如何处理用户隐私和数据安全等问题，仍是其需要面对的技术挑战。
- **科大讯飞**在语音识别技术上实现了重大突破，但在处理复杂语言环境、提高识别准确率等方面，仍然存在技术瓶颈。科大讯飞需要继续加强技术研发，探索新的技术路径，以实现技术的进一步突破。
- **AI"四小龙"** 在各自的专业领域也面临着技术瓶颈。例如，商汤科技在人脸识别技术上占据领先地位，但在处理复杂光照条件、提高识别速度等方面，仍然需要进一步的技术突破。它们需要加大研发投入，加强与高校和研究机构的合作，以实现技术的持续创新和突破。

面对国际竞争和技术瓶颈的双重挑战，中国的互联网大厂和AI"四小龙"并没有退缩，而是积极应对，不断寻求突破。

它们在技术研发上的持续投入，在国际市场上的积极拓展，在人才培养上的重视，都为未来的发展奠定了坚实的基础。

正是这个阶段的积累和努力，为中国 AI 领域后续的发展，包括"六小虎"的崛起和 DeepSeek 的创新，提供了必要的条件和动力。在未来，随着技术的不断进步和市场的不断拓展，中国的 AI 企业有望在全球 AI 领域占据更加重要的地位，为人类社会的发展做出更大的贡献。

第二节　AI"六小虎"接力发展

一、技术裂变与市场新机遇

在 AI 的浪潮中，中国 AI"四小龙"已经证明了自己的实力和影响力。然而，随着技术的不断演进和市场需求的日益增长，新的挑战和机遇也随之而来。

人工智能的发展就像一场接力赛，每一棒都在推动技术向前迈进。随着 AI 从"感知智能"（如图像识别、语音识别等）向"认知决策"（如推理、规划、决策等）进化，技术的迭代需求变得越发迫切。企业不再满足于简单的数据处理，而是需要更高效的算法、更低功耗的芯片以及更强大的计算能力来支持复杂的 AI 应用。正是在这样的背景下，AI 领域的"六小虎"应运而生。它们专注于技术创新，致力于突破技术瓶颈，推动 AI 向更高层次发展。

（一）技术迭代的需求

近年来，大语言模型的兴起是 AI 技术的一个重要里程碑。从 2017 年 Transformer 架构的引入，到 2020 年 GPT-3 的发布，再到 2022 年 ChatGPT 的推出，大语言模型在自然语言处理领域取得了突破性进展。这些模型不仅在文本生成、语言翻译和问题回答等任务中表现出色，还展示了在复杂场景下的强大能力。2025 年，DeepSeek-R1 的发布进一步推动了大语言模型的发展，其在成本效率上的显著提升，使得更多企业能够负担得起这些先进的 AI 技术。

随着 AI 技术的深入发展，其在各个垂直领域的应用需求也在不断增长。教育、医疗、金融、工业等垂直领域对 AI 的需求日益旺盛，为 AI 企业提供了新的市场机遇。

在教育领域，大语言模型如 GPT-3 和 DeepSeek-R1 等被广泛应用于个性化学习场景，帮助学生更好地理解学术内容。在医疗领域，这些模型被用于辅助医生分析患者的病历数据，发现潜在的疾病，提高诊断的准确率。在金融行业，大语言模型被用于监测异常交易，减少欺诈行为，提升资金安全。在工业领域，通过智能制造解决方案，提升生产效率和产品质量。

（二）"六小虎"的接力

AI"六小虎"的崛起，标志着中国 AI 产业进入一个新的发展阶段。它们不仅在技术上实现了创新，在市场拓展上也取得了显著成就。

这些公司在各自的领域内展现了强大的技术实力和市场适应能力。

- **百川智能**：2023 年成立，聚焦语言 AI 技术和大模型研发，参数优化独特，文本生成媲美人类，用于智能客服、创意写作等。
- **零一万物**：2023 年成立，是大模型应用领域的创新型企业，图像、文本处理能力出色，助力智能办公、教育互动。
- **月之暗面**：2023 年成立，长文本处理能力突出。2023 年发布对话式 AI 助手 Kimi，成为消费级 AI

产品中的标杆。

- **Minimax**：2021年成立，产品优势显著。2023年推出AI虚拟人物聊天软件星野（Talkie），为用户打造沉浸式AI内容社区。
- **智谱AI**：成立于2019年6月，源自清华大学计算机系知识工程实验室的技术成果转化。公司专注于大模型技术的研发与创新，致力于打造新一代认知智能大模型。
- **阶跃星辰**：2023年成立，以多模态大模型为核心，强调技术和人才竞争。

更重要的是，"六小虎"的崛起为中国AI产业的发展注入了新的活力。它们的成功经验，为后来者提供了宝贵的借鉴，也为整个产业的发展树立了新的标杆。

二、"六小虎"的特色赛道与创新"绝活"

（一）百川智能

百川智能成立于2023年4月，由前搜狗公司CEO王小川创立。公司致力于通过先进的语言AI技术和大模型研发，推动人工智能在多个领域的广泛应用，成为国内领先的人工智能技术服务商。

百川智能的核心产品包括超大规模语言模型 Baichuan 系列，如 Baichuan-7B、Baichuan-13B、Baichuan-53B 等，这些模型在逻辑推理、数学能力、语义理解、文本创作和知识问答等方面表现出色，部分模型甚至超越了国际领先水平。此外，公司还推出了角色大模型 Baichuan-NPC，优化了角色知识和对话能力，使其更加符合人类性格进行对话和行动。

百川智能的技术研发速度远超行业平均水平，仅用半年时间便发布了七款大模型，并成为首批通过《生成式人工智能服务管理暂行办法》备案的公司之一。公司在技术创新方面取得了显著成就，在很多权威评测中表现优异。

百川智能不仅在技术研发上取得突破，还在商业化应用方面展现了强大的实力。公司推出了"百小应"AI助手，具备多步搜索和智能定向搜索功能，为企业级用户提供高效的服务。此外，公司还通过开放协作模式，鼓励参与者共同开发和优化大模型，并与合作伙伴联合推动大模型的开源与应用。

百川智能的使命是通过 AI 技术赋能企业和个人，助力他们实现数字化转型,提高生产力、降低运营成本,并优化用户体验。公司提供的产品和服务覆盖多个领域,包括自然语言处理、图像识别、语音识别、机器翻译等,帮助企业提升竞争力。

百川智能凭借强大的技术研发能力和创新精神,在人工智能领域迅速崛起,成为国内 AI 行业的领军企业之一。

(二)零一万物

零一万物是一家由知名企业家李开复创办的 AI 技术公司,致力于推动 AI 2.0 时代的发展与应用。公司成立于 2023 年 5 月,总部位于北京,经营范围涵盖 AI 双创服务平台、AI 基础资源与技术平台、工程和技术研究与试验发展、数据处理服务等多个领域。

零一万物在 AI 大模型领域取得了显著成就。其推出的 Yi 系列 AI 大模型,包括 yi-34b-chat-0205、yi-34b-chat-200k 和 yi-vl-plus 等版本,分别在聊天、问答、对话、协作、翻译等方面表现出色。此外,公司还推出了"万知"一站式 AI 工作平台,支持文档阅读、PPT 制作、知识问答等功能,为白领和学生提供高效的工作和学习工具。

零一万物在国内外市场均有布局。其海外 AI 应用 PopAi

接入了 DeepSeek-R1 模型，提升了深度推理体验。同时，公司与华为签署昇腾原生大模型的开发合作协议，进一步推动 AI 技术在工业领域的应用。此外，零一万物还计划推出多模态模型，处理图片、视频、3D 等多种类型数据。

零一万物凭借其在 AI 大模型和多模态技术上的创新，正在加速推动 AI 技术的商业化落地，并在国内外市场展开广泛布局。未来，公司将继续深化产业场景对接，助力产业链和技术链融合，为社会创造更多价值。

（三）月之暗面

月之暗面科技有限公司（Moonshot AI）成立于 2023 年 3 月，由清华大学交叉信息研究院的杨植麟教授领衔。公司总部位于北京市海淀区的量子芯座，办公环境简朴而富有创意，大堂摆放着一架雅马哈钢琴，并悬挂着著名摇滚乐队平克·弗洛伊德（Pink Floyd）的专辑《月之暗面》（*The Dark Side of the Moon*），这反映了公司对通用人工智能的探索精神。

月之暗面的核心产品是 Kimi 智能助手，这是一款基于千亿参数大模型打造的对话式 AI 助手。Kimi 于 2023 年 10 月发布，初始版本支持 20 万汉字的无损上下文输入，随后迅速升级至200万字，成为消费级AI产品中的技术标杆。Kimi不仅具备长文总结、联网搜索、数据处理、代码编写、用户交互和翻译等功能，还在长上下文窗口技术上取得了突破，进一步提升了用户体验。

自成立以来，月之暗面凭借其在大模型技术上的领先优势，迅速成为人工智能行业的独角兽企业。公司创始团队成员曾参与Google Gemini、Google Bard、盘古NLP等多个大模型项目的研发，多项核心技术被Google PaLM、Meta LLaMa、Stable Diffusion等主流产品采用。目前，月之暗面已获得多轮融资支持，包括腾讯、红杉中国等知名投资机构的投资，估值达到30亿美元。

月之暗面还与成都科创生态岛签署入驻协议，计划通过团队组建和应用场景搭建，推动成都人工智能产业的发展。公司未来将继续致力于技术创新和产品开发，推动AI技术的广泛应用，打破学术界与工业界的壁垒，为社会和用户创造更大价值。

（四）MiniMax

MiniMax是一家成立于2021年12月的人工智能公司，专注于多模态大模型的研发和应用。公司由前商汤科技副总裁、通用智能技术负责人闫俊杰创立,致力于成为人工智能基础设施的建设者和内容应用的创造者。

MiniMax 的技术覆盖文本、语音、音乐、图像和视频等多个领域,推出了多款创新产品。其中,Glow 是一款面向年轻人的社交 AI 聊天软件,曾在海外市场取得显著成绩,月活跃用户达到 1100 万,下载量排名全球第五。此外,公司还推出了星野(Talkie),这是一款基于多模态 AIGC 技术的 AI 伴侣产品,用户可以自定义 AI 形象、声音和技能,与之进行高黏性、长留存的交互对话。

在企业服务领域,MiniMax 推出了"海螺 AI"和 MiniMax 开放平台,为企业提供个性化的大模型定制化服务。这些产品已经在火山引擎、金山 WPS 等平台上落地应用,帮助企业提升生产力。

MiniMax 的技术实力也得到了资本市场的认可。公司完成了多轮融资,包括阿里巴巴领投的 B 轮融资,并吸引了包括米哈游在内的多家知名投资机构的支持。

MiniMax 凭借其在多模态大模型领域的技术创新和广泛应用,不仅在消费者市场取得了成功,还在企业服务领域建立了稳固的市场地位,展现了其在人工智能领域的强大实力和创新能力。

（五）智谱 AI

智谱 AI 成立于 2019 年 6 月，总部位于北京市海淀区。公司由清华大学计算机系长聘教授唐杰牵头成立，并在 2019 年正式注册为北京智谱华章科技有限公司。

智谱 AI 的核心技术是大模型技术，专注于认知智能大模型的研发与应用。其代表性产品包括开源百亿大模型 GLM-10B、高精度千亿大模型 GLM-130B 以及新一代基座大模型 GLM-4。这些模型在性能和效率上不断突破，为行业树立了新的标杆。此外，智谱 AI 还开源了多模态对话模型 VisualGLM-6B（CogVLM）和端到端情感语音模型 GLM-4-Voice，进一步拓展了大模型的应用场景。

智谱 AI 的产品广泛应用于智能办公、智能教育、智能客服、智能医疗等多个领域。例如，其推出的对话模型 ChatGLM 及其单卡开源版本 ChatGLM-6B，凭借高效低延迟的特性，成为行业内广泛应用的智能解决方案。

智谱清言是智谱 AI 基于自主研发的中英双语对话模型 ChatGLM2 推出的一款生成式 AI 助手，具备通用问答、多轮对话、创意写作、代码生成以及虚拟对话等丰富的功能。它经过万亿字符的文本与代码预训练，并采用有监督微调技术，能够理解并回答各种问题，支持中英文双语交流。智谱清言在语言生成的流畅性和逻辑推理方面表现出色,尤其适合中文语境,广泛应用于教育、科研、内容创作和智能办公等领域。

在商业化方面,智谱 AI 与多家知名企业建立了合作关系,包括华为、英特尔、联想等。这些合作涵盖了智能办公、智能教育、智能医疗等多个领域,推动了大模型技术在实际场景中的落地应用。例如,与华为的合作旨在将大模型技术应用于智能办公领域,提升办公效率和智能化水平。

智谱 AI 的创始团队背景强大,成员多来自清华大学计算机系知识工程实验室,公司在大模型领域拥有深厚的技术积累。智谱 AI 还得到了多家知名投资机构的支持,估值已超过 200 亿元。公司致力于通过开源社区和技术创新,降低大模型的使用门槛,推动通用人工智能的普惠化发展。

凭借在大模型技术领域的深厚积累和创新能力,智谱 AI 正在快速推进 AI 技术的商业化应用,为多个行业提供智能化解决方案,展现出广阔的发展前景。

(六)阶跃星辰

阶跃星辰是一家成立于 2023 年 4 月的人工智能技术公

司，致力于推动通用人工智能的发展。公司由前微软全球副总裁、微软亚洲互联网工程院首席科学家姜大昕博士创立，团队成员包括自然语言处理领域的知名专家。

阶跃星辰的核心产品是 Step 系列大模型，包括 Step-1 千亿参数语言大模型、Step-1V 千亿参数多模态大模型和 Step-2 万亿参数 MoE 语言大模型（预览版）。这些模型在图像理解、多轮指令跟随、数学能力、逻辑推理和文本创作等方面表现出色，具备多模态理解和推理能力。此外，公司还推出了面向 C 端用户的"跃问"个人效率助手和"冒泡鸭"AI 开放世界等创新产品，旨在提升用户的工作效率和生活娱乐体验。

阶跃星辰在资本市场上表现突出，获得了多轮融资支持，包括腾讯投资、五源资本等知名机构的投资。公司还与多家知名企业合作，如茶百道等，将 Step-1V 多模态理解大模型应用于智能巡检系统。

阶跃星辰的目标是通过自主研发的超级模型和多模态技术，赋能各行业的智能化升级，推动人工智能技术的广泛应用。未来，公司将继续在算力、数据和算法等领域进行深度布局，助力实现通用人工智能的终极目标。

三、资本助力与生态共建

在 AI 时代，资本的青睐与生态的共建是推动技术进步和行业发展的关键因素。以"六小虎"为代表的 AI 企业，凭借其创新能力和技术优势，迅速吸引了资本市场的关注（见表 3-2）。例如，智谱 AI 在 2024 年完成了三轮融资，这些资金被用于技术研发和人才引进，加速了企业的成长。

表 3-2 AI"六小虎"融资情况

公司名称	成立时间	最新融资轮次	投资方（各轮次）
百川智能	2023 年	A+ 轮	阿里巴巴、腾讯、顺为资本等
零一万物	2023 年	A 轮	阿里巴巴、创新工场等
月之暗面	2023 年	B 轮	阿里巴巴、腾讯、红杉中国、美团等
MiniMax	2021 年	C 轮	阿里巴巴、腾讯、红杉中国、IDG 资本、高瓴等
智谱 AI	2019 年	E 轮	阿里巴巴、腾讯、红杉中国、高瓴等
阶跃星辰	2023 年	B 轮	腾讯、五源资本、启明创投等

资料来源：根据公开信息整理，最新融资轮次截至 2025 年 3 月。

除了资本的支持，生态联结也为"六小虎"的崛起提供了坚实的基础。在 AI 领域，企业之间的合作、与科研机构的联合以及对开源社区的贡献，共同构建了一个充满活力的 AI 生态系统。

百川智能就是一个典型的例子。它积极加入开源社区，与全球的开发者分享技术成果，同时也从社区中汲取灵感和创新思路。这种开放的合作模式，不仅提升了百川智能的技术水平，还增强了其在行业内的影响力。

MiniMax 则选择了与硬件厂商合作的道路。通过与硬件厂商的深度合作，MiniMax 能够更好地将软件技术与硬件设备相结合，为用户提供更高效、更智能的产品解决方案。这种跨领域的合作，不仅为 MiniMax 拓展了市场空间，也为整个 AI 生态的繁荣贡献了力量。

资本的助力和生态的共建，让"六小虎"在 AI 时代的发展道路上如虎添翼。它们通过与上下游企业、科研机构的紧密合作，共同构建了一个充满活力、互利共赢的 AI 生态系统。在这个系统中，每一个参与者都能找到自己的位置，共同推动着 AI 技术的不断进步和应用场景的持续拓展。

正如我们所见，资本和生态的力量正在重塑 AI 行业的格局。而"六小虎"的崛起，正是这一趋势的生动写照。

四、行业活力激发

在 AI 技术的赛道上，"六小虎"不仅是参赛者，更是规

第三章 中国AI发展历程：从"四小龙"到"六小虎"再到DeepSeek

则的改写者。它们在AI模型领域做出的创新，为技术生态注入了新鲜血液。月之暗面联合清华大学等机构，开源了大模型推理架构Mooncake，实现了大模型推理资源的高度优化；智谱AI还开源了多模态对话模型VisualGLM-6B（CogVLM），并发布端到端情感语音模型GLM-4-Voice。这些创新不仅丰富了技术工具箱，也为开发者提供了更多可能性，推动整个AI生态的多元和包容。

随着"六小虎"的崛起，市场竞争也进入白热化阶段。新玩家的加入让老牌企业不得不加快创新步伐，优化产品和服务。比如，一些传统AI企业开始加大对大模型和生成式AI的投入，以应对新兴企业的挑战。这种良性竞争不仅让用户享受到更优质的产品，也让整个行业保持了旺盛的活力。正如一场接力赛，每一家企业都在传递着创新的火炬，推动AI技术不断向前。

然而，随着DeepSeek的崛起，AI行业的格局再次被重塑。DeepSeek以低成本和高性能的优势迅速占领市场，迫使"六小虎"不得不寻找新的破局之法。例如，零一万物转向B端市场，智谱AI专注于通用人工智能领域，而MiniMax和百川智能则深耕特定应用领域。尽管"六小虎"面临高昂的训练成本和资金压力，但它们通过不断探索新技术和优化产品，努力在激烈的市场竞争中保持领先地位。

第三节　DeepSeek 与"六小虎"的协同发展

一、DeepSeek 的颠覆式创新

2025 年初，DeepSeek 的横空出世犹如一颗重磅炸弹，在全球 AI 领域掀起了轩然大波，让包括"六小虎"在内的国内一众大模型同行度过了一个"痛苦"的春节。其推出的 DeepSeek-R1 推理模型，以极低成本实现了媲美 OpenAI o1 模型的性能，不仅让国内乃至全球各家公司争相宣布接入，更引发了行业对大模型发展的深刻反思与变革。

DeepSeek 的成功并非偶然，其在技术路线上选择了降成本、重落地的策略，在行业技术上限提升困难时凸显了独特的优势。DeepSeek-R1 的颠覆性在于其开创的"后训练范式"：通过强化学习（Reinforcement Learning，RL）与长思维链（Long Chain of Thought，Long CoT）技术，在已有模型基础上进行深度优化，显著提升推理能力。这种模式突破了传统

依赖海量算力堆砌的路径,使得训练成本从千万美元级骤降至百万美元级。数据显示,DeepSeek-R1的开发总成本不足600万美元,却实现了多项基准测试超越GPT-4o的表现。

这种低成本、高性能、开源的模式,使得大模型的开发与应用门槛大幅降低,让更多的企业有机会参与AI大模型的竞争。尤其对于中小型企业来说,DeepSeek提供了一种全新的可能性,即无须投入巨大的资金与资源,也能开发出具有竞争力的AI应用。

但是,这种技术路线也直接动摇了行业根基。原本需要数千张GPU、耗时数月的模型训练,现在通过优化算法和合成数据即可快速迭代,标志着行业从算力军备竞赛转向效率优先的实用主义时代。百度、阿里巴巴等大厂迅速跟进,宣布文心大模型4.5系列开源,通义千问价格直降97%,大模型定价正式进入"厘时代"。

DeepSeek-R1的成功并非没有代价。对于AI"六小虎"而言,虽然它们也在不断努力,发布了各种新型AI大模型,但在公众的关注度和市场影响力方面,却逐渐被DeepSeek-R1所超越。特别是在C端市场,DeepSeek-R1的免费服务和开源特性,使得许多企业更倾向于使用DeepSeek-R1,从而影响了AI"六小虎"的市场份额。

二、AI"六小虎"的应对策略

面对 DeepSeek 带来的冲击,AI"六小虎"积极调整策略,寻求破局之路。

(一)技术创新与差异化发展

各公司纷纷加大研发投入,探索创新的技术路径。例如,零一万物与阿里云联合成立"产业大模型联合实验室",并聚焦于参数适中、性能优异、推理速度更快、推理成本更低的轻量化模型,以适应商用场景的需求;百川智能则专注于医疗领域,发布具备语言、视觉、搜索三种推理能力的全场景模型 Baichuan-M1-preview,并推出"AI 儿科医生";智谱 AI 在多模态方向发力,其研发的 Agentic GLM 技术登陆三星最新款 Galaxy S25 系列手机;月之暗面发布了 Kimi k1.5 多模态思考模型,将上下文窗口扩展至 128k,并加入视觉模态识别能力;MiniMax 推出 T2A-01 系列语音模型和海螺语音产品,支持 17 种语言和上百种预设音色;阶跃星辰则接连发布多款新模型,涵盖轻量级、高性价比的 Step-2-mini,主打文字创作的 Step-2 模型,升级的 Step-1o Audio 语音模型,多模态理解大模型 Step-1o Vision 以及视频生成模型 Step-Video V2 等。

（二）加强应用层开发

"六小虎"意识到，仅仅在模型技术上取得突破是不够的，还需要在应用层面上为用户提供更优质、更丰富的体验。因此，它们纷纷加大在应用开发方面的投入，推出各种面向C端和B端用户的应用产品，比如月之暗面的Kimi在具备多模态能力后，能够更全面地处理搜索问答和复杂问题；智谱AI的Agentic GLM为三星手机用户提供实时语音和视频通话、视觉理解、系统功能调用、AI搜索、文案写作等功能。

（三）开源与合作

部分公司选择开源自己的模型，以吸引更多开发者和用户，共同推动技术的发展与生态的构建。例如，MiniMax在2025年1月15日发布了新一代01系列模型，并选择开源；智谱AI与三星的合作，也是其在商业化应用与技术推广方面的重要举措。

（四）优化成本结构

为了提高竞争力，"六小虎"在成本控制方面也下了不少功夫。通过优化研发流程、提高运营效率、合理规划资源投入等方式，降低模型训练与应用的成本，以提供更具性价比的 AI 解决方案。

三、行业格局的重塑与未来展望

DeepSeek 的崛起加速了大模型行业的洗牌，整个行业正在从"对标 OpenAI"的宏大叙事转向场景优先的实用主义。未来，大模型企业只有在技术创新、市场化销售、融资、资本运作等多方面具备更强的能力，才能在激烈的竞争中脱颖而出。

同时，DeepSeek 带来的开源浪潮，也为整个 AI 行业的发展注入了新的活力。更多的企业能够基于开源模型进行创新与开发，推动 AI 技术的普及与应用。对于用户而言，这意味着能够以更低的成本享受到更优质、更智能的 AI 服务。

然而，随着竞争的加剧，行业内的资源与市场将进一步向头部企业集中，中小型企业的生存空间可能会受到进一步挤压。对于 AI "六小虎"而言，能否在技术创新、应用开发、成本控制、商业化落地等方面实现突破，找到适合自身发展的道路，将是其未来能否在行业中立足的关键。

这场变革正在重塑行业版图：百度、阿里巴巴凭借云计算底座守住基本盘；DeepSeek 领跑通用模型赛道；"六小虎"

第三章 中国AI发展历程：从"四小龙"到"六小虎"再到DeepSeek

中可能仅有2~3家企业能完成转型。投资机构预判，2025年底行业将呈现"1+3+N"格局。

- 1个超级平台：DeepSeek（若保持技术领先）。
- 3个特色玩家：医疗赛道的百川智能、多模态的阶跃星辰、出海方向的MiniMax。
- N个场景专家：在司法、教育等垂直领域深耕的利基企业。

值得关注的是，大厂与创业公司的竞合关系正在嬗变。腾讯将微信搜索接入DeepSeek，却同步研发混元大模型；阿里巴巴投资零一万物的同时，通义千问团队人数突破2000人。这种"既合作又对抗"的态势，折射出行业在技术不确定期的战略焦虑。

在这场AI平权运动中，真正的赢家或许是中小型企业。某跨境电商老板算过一笔账：使用DeepSeek-R1+自有数据微调，AI客服成本从每月20万元降至8000元。当技术红利真正普惠化时，中国或许会涌现出欧美难以企及的AI应用生态。正如创新工场创始人李开复所认为的，大模型的价值不在于它是聪明的AI，能懂很多事，而是带来应用的爆发。

此刻的行业阵痛，正是新秩序分娩的必经之路。当资本泡沫退去，技术回归本质，那些真正理解产业、专注价值的玩家，终将在AI重构的商业世界里找到自己的坐标。

总之，DeepSeek的出现为AI行业带来了前所未有的变革与挑战，也孕育着新的机遇与可能。在未来的竞争中，只有不断创新、积极应对的企业，才能在这场AI浪潮中乘风破浪，实现长远发展。

实操篇
DeepSeek

04

第四章

操作指南：DeepSeek 零门槛效率革命

第一节 DeepSeek 快速入门与核心功能

一、DeepSeek 的三种模式

DeepSeek 是一款强大的人工智能模型,提供了三种不同的运行模式,以满足用户在不同场景下的需求:基础模型(V3)、深度思考(R1)和联网搜索。

(一)四种情况

当我们进入 DeepSeek 网页端的时候会发现左下角有两个按钮:"深度思考(R1)"和"联网搜索"。是否点击这两个按钮可以被分成四种情况。

情况一:当我们不点击这两个按钮直接进行对话的时候

就是进入了默认的基础模型（V3）。

情况二：当我们点击了"深度思考（R1）"按钮但不点击"联网搜索"的时候，就进入纯深度思考（R1）模式。

情况三：当我们不点击"深度思考（R1）"但点击"联网搜索"的时候就进入了基于基础模型（V3）的联网搜索模式。

情况四：当我们同时点击"深度思考（R1）"和"联网搜索"的时候就进入了基于深度思考（R1）模型的联网搜索模式。

注意，当我们点击"联网搜索"时，无论点击"深度思考（R1）"与否，都不支持上传本地文件的功能（即右下角的回形针图标会被禁用）。因此，当我们需要上传本地文档时，就不能点击"联网搜索"。

（二）三种模式

以下将详细介绍这三种模式的特点、适用场景及优缺点，并通过表4-1展示它们的差异。

- **基础模型（V3）**

  基础模型（V3）是DeepSeek的默认模式，适合大多数日常任务。其特点是高效便捷、规范性强，能够快速回答常识性问题和生成简洁的回答。这种模式适用于日常对话、知识问答和文案创作等场景，尤其适合那些对结果预期明确且不需要深度分析的任务。

- **深度思考（R1）**

  深度思考（R1）模式是基于推理能力的高级模式，擅长处理复杂问题和深度分析任务。它能够调用内部知识库进行多角度分析，并提供逻辑性强、思维链完整的答案。这种模式适用于需要深度推理的场景，如数理逻辑、编程分析和创意任务等。

- **联网搜索**

  联网搜索模式结合了RAG技术，能够实时访问互联网并动态更新知识库。这种模式适合需要最新信息和实时数据的场景，如查询新闻动态、股票行情等。然而，其性能可能受到网络状况的影响。

总体而言，选择合适的模式可以显著提升DeepSeek的使用效率。对于日常任务和简单问题，基础模型（V3）是首选；对于复杂推理和深度分析，深度思考（R1）更为适合；而对于需要最新信息的场景，则应选择联网搜索模式。

表4-1 模式对比

维度	基础模型（V3）	深度思考（R1）	联网搜索
特点	高效、便捷，适合完成简单任务	推理能力强，适合完成复杂任务	实时检索，结合最新信息
核心技术	Transformer-XL 架构	思维链（CoT）增强	混合检索增强生成（Hybrid RAG）
上下文窗口	32K tokens	支持动态扩展	会话级上下文管理
响应速度	0.3~0.8秒	1.2~3.5秒	1.8~4.2秒
推理深度	单轮直接回答	10轮以上迭代验证	多信源交叉验证
适用场景	日常问答/快速生成	复杂逻辑/专业分析	实时数据/动态决策
输出质量	简洁、适合常规问题	详细、结构化、适合专业领域	最新信息，全面
典型应用	会议纪要生成	专利侵权分析	舆情分析与预测

（三）使用策略

DeepSeek的"深度思考（R1）"和"联网搜索"功能各有适用场景，合理选择使用时机可以提升用户体验和效率。

1. 深度思考（R1）功能的使用时机

- **适合开启的场景**
  - 当用户需要解决复杂推理问题时，如数学证明、逻辑分析或策略规划等。这类问题通常需要多维度、结构化的思考，而"深度思考"能够提供逻辑严谨且条理清晰的答案。
  - 在开放性或创造性需求较高的场景中，例如创意生成、多角度分析或跨学科知识整合。这些任务需要深入挖掘知识体系，而"深度思考"能够提供全面的分析和建议。
- 在需求分析阶段，比如软件开发或科研工作中，通过深度思考功能对业务需求进行多角度分析，缩短研制时间。

- **不适合开启的场景**
  - 对于简单事实查询或常识性问题，如"地球上有多少个国家"或"太阳系有多少颗行星"等，这类问题可以通过基础模型（V3）快速回答，无须使用深度思考功能。
  - 当用户需要快速获取时效性强的信息时，如实时数据或最新事件进展等，此时应优先选择联网搜索功能。

2. 联网搜索功能的使用时机

- **适合开启的场景**
  - 当用户需要获取时效性强的信息时，如实时数据、最新事件进展或动态领域知识等，联网搜索功能能够实时检索互联网内容,增强回答的时效性和数据支撑。

- 在需要快速筛选和整合大量信息的场景中,比如媒体工作者撰写新闻稿时,通过联网搜索功能可以迅速提取关键信息并生成文本。
- 当用户需要突破预训练数据的时间限制,获取最新的研究成果或行业动态时,联网搜索功能能够提供实时智能问答服务。

- **不适合开启的场景**
  - 对于简单事实查询或已知常识性问题等,联网搜索功能可能无法提供更优的解决方案,此时基础模型(V3)即可满足需求。
  - 当用户需要进行深度逻辑推理或复杂问题分析时,联网搜索功能可能无法提供足够的支持,此时应优先选择深度思考功能。

合理选择"深度思考(R1)"和"联网搜索"功能的使用时机,能够显著提升 DeepSeek 的使用效率和用户体验。用户应根据具体需求和场景灵活切换功能,同时关注系统状态以避免技术问题带来的不便。

二、DeepSeek 的两种模型

V3（指令模型）和 R1（推理模型）是人工智能领域中两种不同类型的模型。V3 是聪明且听话的通用模型，就像一个小书呆子，需要用户清晰地安排任务步骤，过程清晰，能高效便捷地处理规范性任务，适用于绝大多数常见任务。而 R1 则是聪明但不那么听话的模型，类似一个小机灵鬼，用户只需说明目标，它就能自行思考过程，更适用于创意思考、复杂推理和深度分析任务，比如数理逻辑推理等。

所以 DeepSeek 的 V3 和 R1 在技术原理、应用场景及使用技巧上存在显著差异。

（一）V3 与 R1 的区别

1. 功能定位

V3 是一款通用的指令模型，它的设计目标是高效、便捷，能够在短时间内为用户提供简洁明了的回答。V3 适合处理百科类问题、生成简单文本等任务，例如回答"什么是人工智能？"或"帮我写一段关于春天的短文"。它的优势在于快速响应，能够满足用户对即时信息的需求。

R1 则专注于复杂推理和深度思考任务。它通过多阶段训练和强化学习，能够处理更具挑战性的问题，例如数理逻辑推理、编程代码分析、复杂问题的解决方案等。如果你需要解决一个数学难题，或者分析一段复杂的代码，R1会是更好的选择。

2. 技术架构

V3基于MoE架构，拥有6710亿参数，但每个token仅激活370亿参数。这种架构设计使得V3在计算效率上表现出色，能够快速处理大量任务，同时保持较低的计算成本。训练方式相对简单，主要通过指令微调和少量监督学习完成。这种训练方式使得V3能够快速理解和响应用户的指令，适合处理日常对话和简单任务。

R1同样基于MoE架构，但经过了更复杂的训练过程。它不仅进行了指令微调，还通过强化学习进一步提升了推理能力。这种架构和训练方式使得R1在处理复杂推理任务时表现出色，能够提供更深入、更准确的分析。训练方式更为复杂，采用强化学习和监督微调相结合的方式。强化学习让R1在面对复杂问题时能够不断优化自己的推理过程，从而提供更准确、更有深度的答案。

3. 应用场景

V3适合日常对话、信息查询、简单文本生成等场景。例如，你可以用它来查询某个历史事件的背景，或者生成一段关于旅游的短文。它的优势在于快速响应，能够满足用户对即时信息的需求。

R1 更适合需要深度分析和复杂推理的任务。例如，如果你需要解决一道数学难题，或者分析一段复杂的代码，R1 会是更好的选择。它能够提供详细的推理过程和解决方案，帮助你更好地理解问题的核心。

（二）V3 使用技巧

1. 指令结构化设计法则

V3 需要用户提供清晰、具体的指令。例如，使用"过程—结果"的框架，明确指出任务和期望的输出。

- **任务分解**：将复杂需求拆解为可执行步骤（比如"请根据用户提供的财务数据，首先计算毛利率，然后生成同比分析图表"）。
- **格式约束**：通过"使用 JSON 格式返回分析结果"等指令规范输出结构。
- **场景适配**：在客服场景中使用"用友好语气回复"等提示词来调整语言风格。

2. COSTAR 框架

在需要复杂任务时,可以参考新加坡 GPT-4 提示工程竞赛中的 COSTAR 框架,通过分步骤、分层次的提示词设计,帮助模型更好地理解任务。

COSTAR 框架由新加坡政府科技局(GovTech)组织的首届 GPT-4 提示工程大赛冠军张席拉(Sheila Teo)提出,包括以下几个部分。

- **Context(上下文)**:为任务提供背景信息,帮助模型理解问题的背景和语境。
- **Objective(目标)**:明确任务的具体目标,让模型清楚知道需要完成什么。
- **Structure(结构)**:规划任务的结构,包括步骤、层次等,使模型能够有条理地处理任务。
- **Tools(工具)**:提供模型可以使用的工具或资源,如数据、函数等。
- **Answer(答案)**:指定期望的答案形式或输出格式,使模型的输出符合用户需求。
- **Reasoning(推理)**:鼓励模型展示推理过程,提高回答的透明度和可信度。

由于 V3 更适合快速响应，尽量避免涉及复杂逻辑或深度推理的问题。

（三）R1 使用技巧

1. 极简提问

R1 擅长处理复杂问题，但不需要过于复杂的提示词。直接表达问题的核心，模型会自动进行深度分析。

R1 的深度推理能力可通过简洁的提问来触发。

- **数学问题**：例如，"求解微分方程 $dy/dx = x^2 + y^2$"。
- **代码调试**：例如，"指出这段 Python 代码的内存泄露问题"。
- **逻辑推理**：例如，"分析俄乌冲突对全球能源市场的长期影响"。

2. 过程可视化的价值挖掘

通过"请展示你的推理过程"等提示词，R1 可生成可解释的思考路径。

- **数学推导**：分步展示积分运算过程。

- **代码分析**：标注每行代码的时间复杂度。
- **策略推演**：构建 SWOT 分析矩阵。

对于数学问题、逻辑推理或编程任务，R1 能够提供详细的推理过程和解决方案。

3. 避免冗余信息

与 V3 不同，R1 不需要过多背景信息，直接切入主题即可。建议直接输入核心问题（比如"设计基于区块链的供应链溯源方案"），避免前置背景铺垫。

三、DeepSeek 的提示词公式

在使用 R1 进行推理型任务时，构建有效的提示词是关键。一个良好的提示词应该包含三个核心要素：背景信息、直接需求和约束条件。以下是这三个要素的详细解释和一个具体的提示词案例。

（一）模板三要素

1. 背景信息

背景信息是提示词的起点，它为 AI 提供了必要的上下

文,帮助模型理解任务的背景和目标。无论是推理型模型还是指令型模型,都需要上下文信息来生成与用户需求相关的内容。背景信息可以包括任务的目的、相关的主题或领域知识等。

2. 直接需求

直接需求是用户希望 AI 完成的具体任务。这是使用 R1 的核心技能。用户需要清晰、直接地表达自己的需求,以便 AI 能够准确地理解并执行任务。直接需求可以是生成一段文本、解决一个问题或提供某种分析等。

3. 约束条件

约束条件是 AI 在满足用户需求时需要遵守的限制或要求。这些条件可以包括输出的格式(如表格、代码等)、风格(如文言文、鲁迅风格等)或其他特定要求。通过明确约束条件,用户可以指导 AI 生成符合特定要求的内容。

(二)提示词案例

假设你现在计划在抖音上经营一个读书领域的账号,做一个读书博主,类型是露脸拍短视频。你需要设计一下口播文案。以下是如何应用模板三要素来设计提示词。

- **背景信息**
  - 你计划在抖音上开设一个读书领域的账号。
  - 目标是成为一个读书博主,通过露脸拍短视频的方式分享读书心得。
  - 你希望吸引喜欢阅读和学习新知识的粉丝。
- **直接需求**
  - 需要一组标题,每个标题对应一条可以在90秒内播完的文案。
  - 文案需要用"过来人"的语气,分享读书的经验和见解。
  - 结尾需要引导观众在评论区互动,增加粉丝的参与度。
- **约束条件**
  - 文案风格需要亲切、真诚,能够引起观众的共鸣。
  - 需要包含引导观众在评论区互动的语句,如提问或邀请分享观点等。
  - 文案长度需要控制在90秒内,以适应短视频的格式。

提示词示例：我现在计划在抖音上经营一个读书领域的账号，做一个读书博主，类型是拍露脸的短视频。帮我设计一下口播文案，包括三点要求。1. 我想要一组标题，标题对应一条 90 秒以内可以播完的文案。2. 用'过来人'语气。3. 结尾引导评论区互动。

通过这个示例，我们可以看到如何将模板三要素融入提示词中，以帮助 AI 更好地理解用户的需求并生成符合要求的内容。这种方法不仅适用于设计口播文案，也可以应用于其他需要与 AI 模型交互的场景。

四、DeepSeek 服务器繁忙怎么办

在使用 DeepSeek 的过程中，服务器繁忙往往影响体验，而第三方工具为这一难题提供了优质的解决方案。通过整合不同平台的能力，用户可绕开服务器拥堵，畅享 DeepSeek 功能。以下从几款典型的第三方工具切入，解析应对之策。

（一）腾讯接入 DeepSeek

腾讯作为国内知名的科技巨头，其开发的软件在用户中具有广泛的影响力。腾讯元宝接入 DeepSeek 后，用户可以

通过腾讯元宝方便地使用 DeepSeek 的各项功能。用户可通过微信搜索"AI 搜索"入口或下载"腾讯元宝"App，直接调用 DeepSeek-R1 满血版。该版本支持实时联网搜索，整合微信公众号、视频号等资源。进入对话界面后，需手动切换模型至"DeepSeek-R1"，网页版需在左侧菜单选择"DeepSeek"并勾选"深度思考"和"联网搜索"选项。该模型支持复杂逻辑推理、实时联网搜索（整合微信公众号、视频号等腾讯生态信息源），例如输入"查询北京今日天气"可获取实时回答，同时具备代码生成、文档处理等多种格式输出能力，且完全免费、无须配置。若遇到系统繁忙，可通过官网备用入口访问或调整提问方式（比如用元数据描述代替文件上传）优化体验。

（二）钉钉接入 DeepSeek

钉钉作为一款广泛应用于办公场景的软件，接入 DeepSeek 后，为企业用户提供了更加高效的办公解决方案。钉钉用户接入 DeepSeek 时，可直接在钉钉的"AI 助理"功能中创建新助理，选择 DeepSeek 系列的 R1、V3 等模型完成配置。系统提供一键式模板简化流程，用户无须复杂操作即可快速发布具备深度推理和联网查询能力的 AI 助手。创建完成后，用户可

第四章 操作指南：DeepSeek 零门槛效率革命

通过对话界面输入指令（比如"你好，DeepSeek"）直接调用模型，实现会议纪要提炼、行业资讯汇总等场景化需求。此外，钉钉宜搭低代码平台支持生成提示词调用 DeepSeek 能力，进一步扩展至数据分析、文本生成等复杂的业务场景。不过需注意，部分用户反馈钉钉内功能调整需进入设置菜单，操作路径略长于网页版，但基础功能开箱即用，无须额外配置。

（三）硅基流动上的 DeepSeek

硅基流动作为一个专业的平台，为用户提供了丰富的功能和资源。在硅基流动上接入 DeepSeek，使得用户能够更加灵活地使用 DeepSeek 的各项功能。用户可以通过硅基流动平台便捷地使用 DeepSeek 的强大功能。首先，访问硅基流动官网并注册账号，登录后在"API 密钥"页面创建一个新的密钥并妥善保存。随后，用户可以选择直接在网页端的模型广场中找到 DeepSeek 模型（如 DeepSeek-R1 或 DeepSeek-V3 等），点击"在线体验"进行即时对话。如果需要更灵活的使用方式，用户可以下载支持硅基流动 API 的客户端，如 ChatBox 或 Cherry Studio 等。在客户端中，将之前生成的 API 密钥粘贴到配置位置，并选择 DeepSeek 模型。完成配置后，用户即可在客户端中输入问题或指令，享受 DeepSeek 提供的高效、智能的 AI 服务。整个过程简单流畅，无论是网页端的快速体验还是客户端的深度使用，都能满足不同用户的需求。

（四）其他解决方案及合作伙伴

除了腾讯、钉钉和硅基流动等平台外，还有一些其他方法可以帮助用户解决 DeepSeek 服务器繁忙的问题。例如，用户可以尝试使用超算互联网平台，这是一个由科技部背书的平台，提供 DeepSeek 的 7B、14B 和 32B 蒸馏版模型，虽然不是满血版，但胜在稳定且完全免费，适合追求省心的用户。此外，纳米 AI 搜索也是一个不错的选择，它提供 DeepSeek-R1 满血版的专线服务，响应速度快，且每天有一定次数的免费额度。

技术能力较强的用户可以考虑本地化部署。通过在本地环境中部署 DeepSeek 模型，用户可以避免服务器繁忙的问题，同时更好地保护数据隐私。不过，本地部署需要较高的硬件配置和一定的技术背景。

此外，还有一些第三方平台提供了 DeepSeek 的 API 服务，例如 OpenRouter AI，它集成了多种 AI 大模型，用户可以通过统一接口切换使用，包括 DeepSeek 的不同版本。这些平台通常提供一定的免费额度,适合需要多模型对比的用户。

如果用户对数据隐私和长期使用有较高要求,可以考虑将模型部署在本地环境,虽然这需要一定的硬件投入和技术能力。而对于普通用户,选择一个稳定的第三方平台可能是最便捷的解决方案。

第二节 DeepSeek 一键生成 PPT、图表与视频

一、DeepSeek 一键生成 PPT:高效设计新体验

(一)明确需求

在开始之前,先想清楚你要制作 PPT 的主题、用途和大致内容。比如,你是要做一个产品介绍还是一个项目汇报?是面向客户还是内部同事?明确这些之后,就可以开始下一步了。

(二)打开 DeepSeek,输入需求

1. 访问 DeepSeek 官网

打开浏览器,输入 chat.deepseek.com,然后注册一个账

号并登录。如果你已经用过 DeepSeek，直接登录就行。

2. 输入指令

在 DeepSeek 的对话框里输入你的需求。这里有个小技巧：指令越详细，生成的结果越符合你的预期。你可以这样写：我是一名学生，需要做一个关于"人工智能发展历程"的 PPT，用于班级演讲，希望有 10 页，内容简洁明了，适合初学者。

这样，DeepSeek 就能明白你的身份、主题、用途和具体要求，从而生成更精准的内容。

3. 选择生成模式

DeepSeek 有不同的模式可供选择。如果你只是想快速生成一个大纲，可以选择"深度思考（R1）"模式。点击"生成"，DeepSeek 就会输出一个 PPT 大纲，告诉你每一页应该写什么内容。

（三）一键生成 PPT 大纲

DeepSeek 生成的 PPT 大纲会以 Markdown 格式呈现，看起来像是一段有标题和内容的文字。不用担心，这个大纲只是个框架，接下来我们会把它变成一个完整的 PPT。

（四）用 Kimi 一键生成 PPT

1. 访问 Kimi 官网

接下来，我们要用到另一个工具——Kimi。打开 kimi.moonshot.cn/chat，点击左侧的"Kimi+"，选择"PPT 助手"。Kimi 是一个专门用来生成 PPT 的工具，和 DeepSeek 配合起来非常方便。

2. 粘贴大纲

把 DeepSeek 生成的 PPT 大纲复制，然后粘贴到 Kimi 的输入框里。Kimi 会根据这个大纲来生成 PPT。

3. 选择模板

Kimi 提供了很多好看的 PPT 模板，你可以根据你的主题和喜好来选择。比如，如果你的 PPT 是关于科技的，可以选择一个简洁、现代的模板；如果是关于艺术的，可以选择一个有创意的模板。

4. 一键生成 PPT

选择好模板后，点击"一键生成 PPT"。几秒钟后，Kimi 就会生成一个完整的 PPT。你可以直接下载，也可以在线预览。

（五）优化和编辑 PPT

虽然 Kimi 生成的 PPT 已经很不错了，但你可能还需要做一些调整,让它更符合你的需求。

1. 调整内容

如果发现有些文字不太对,或者内容不够详细,你可以直接在PPT里修改。比如,把一些句子改得更通顺,或者补充一些关键信息。

2. 替换图片

Kimi自动生成的图片可能不一定完全符合你的主题,你可以找一些更合适的图片进行替换。比如,如果你的PPT是关于旅游的,可以找一些美丽的风景照片替换自动生成的图片。

3. 调整配色

如果对PPT的颜色不满意,也可以调整。比如,把主色调换成公司或学校的颜色,让PPT看起来更专业。

4. 添加动画

如果你想让PPT更有动感,可以给它添加一些动画效果。比如,让文字逐字出现,或者让图片慢慢放大。这样可以让观众更专注,也让你的PPT更有吸引力。

(六)保存和导出

1. 下载PPT

当你对PPT满意后,点击"下载"按钮,把PPT保存到你的电脑或手机上。这样,你就可以随时使用了。

2. 导出其他格式

如果你需要把 PPT 发给别人,或者打印出来,还可以导出为 PDF 格式。这样,别人就不用担心 PPT 打不开或者格式乱掉的问题了。

(七)小技巧

1. 指令越详细越好

在输入指令的时候,一定要尽量详细。比如,不要只写"做一个 PPT",而是要写清楚主题、用途、页数、风格等信息。这样,DeepSeek 和 Kimi 才能生成更符合你的需求的内容。

2. 多尝试几次

如果对第一次生成的结果不满意,不要灰心。你可以修改指令,或者调整模板,多尝试几次。每次都会有新的发现哦!

3. 结合其他工具

除了 DeepSeek 和 Kimi,还有很多其他工具可以帮助你制作 PPT。比如,你可以用通义千问来生成内容,或者用"讯飞智文"来优化文字。多尝试几种工具,说不定能找到更适合你的呢!

二、DeepSeek 一键生成图表：数据可视化的智能助手

（一）明确需求

在开始之前，先想清楚你要生成什么类型的图表，以及图表的内容和用途。比如，你是要做一个项目进度的甘特图还是一个数据分析的饼图？（如果你需要展示公司各部门的人员分布，可以用饼图。如果要规划项目进度，可以用甘特图。如果要分析数据随时间的变化，可以用折线图。）图表是用于内部汇报还是对外展示？明确这些需求后，就可以开始下一步了。

（二）用 DeepSeek 生成图表代码

1. 打开 DeepSeek 官网

打开浏览器，输入 chat.deepseek.com，然后注册一个账号并登录。如果你已经用过 DeepSeek，直接登录就行。

2. 输入需求

在 DeepSeek 的对话框里，输入你的需求，一定要写清楚你想生成的图表类型、内容和数据。比如，生成一个公司业务流程的流程图，用 Mermaid 语法表示；再如，生成一个某产品 12 个月销售业绩的折线图，数据为 5000、6000、

7500、8200、9500、10 500、11 000、10 200、9200、8500、7000、6000，输出结果用英文展示。

3. 获取代码

输入需求后，点击"生成"。DeepSeek 会根据你的描述，生成相应的 Mermaid 代码。这个代码看起来像一串文字，但它包含了生成图表的所有信息（见图 4-1）。

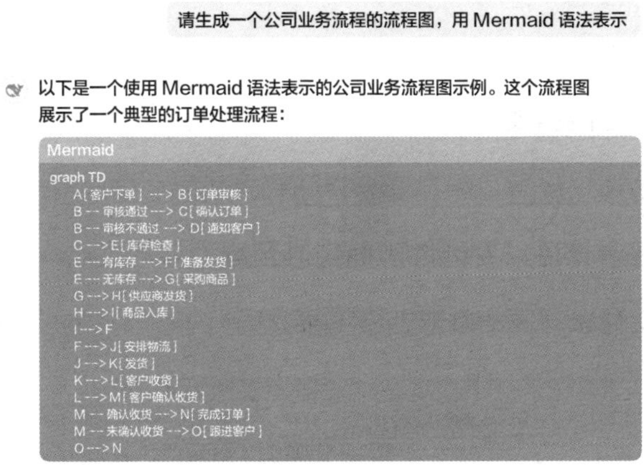

图 4-1　DeepSeek 生成的 Mermaid 代码

资料来源：DeepSeek 官网，https://chat.deepseek.com/。

（三）用 Mermaid 在线工具生成图表

1. 复制代码

把 DeepSeek 生成的代码复制下来，准备粘贴到下一个工具里。

2. 打开 Mermaid 在线编辑器

推荐使用 Mermaid Live Editor（https://mermaid.live/），这是一个免费的在线工具，专门用来生成 Mermaid 图表。你也可以选择 Draw.io（https://app.diagrams.net/），它支持更多自定义功能。

3. 粘贴代码

在 Mermaid Live Editor 的输入框里，把刚才复制的代码粘贴进去。

4. 生成图表

粘贴完成后，编辑器会自动解析代码，并生成一个漂亮的图表。你可以看到图表的实时预览，如果代码没有问题，图表就会立刻显示出来（见图 4-2）。

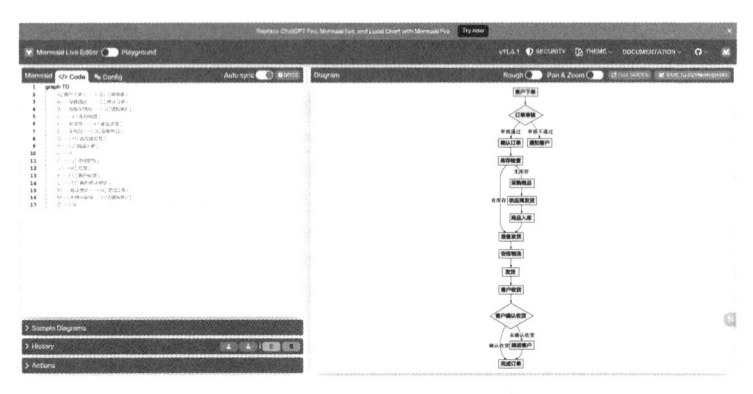

图 4-2　Mermaid 生成的图表

资料来源：Mermaid Live Editor 官网 https://mermaid.live/。

（四）调整和导出

1. 调整样式

如果你对生成的图表不满意，可以在编辑器里调整样式。比如，你可以改变颜色、字体、线条粗细等。这些调整会让你的图表看起来更符合你的需求。

2. 导出图表

当你对图表满意后，可以选择导出。编辑器通常支持导出为 PNG、SVG 或 PDF 格式。你可以根据需要选择合适的格式，然后保存到你的电脑上。这样，你就可以把图表插入 PPT、Word 或其他文档中了。

（五）小技巧

1. 需求描述要清晰

在输入需求时，一定要写清楚图表的类型、内容和数据。比如，不要只写"生成一个图表"，而是要写"生成一个展示某产品销售数据的折线图，数据为……"。这样，DeepSeek 才能生成更准确的代码。

2. 多尝试几次

如果第一次生成的图表不符合预期，不要灰心。你可以修改需求描述，或者调整代码，多尝试几次。每次都会有新的发现哦!

3. 选择合适的工具

Mermaid Live Editor 适合快速生成图表,而 Draw.io 支持更多自定义功能。你可以根据自己的需求选择合适的工具。

4. 结合其他工具

如果你需要更复杂的图表,比如 3D 效果或动态图表,可以尝试结合其他工具,比如 Excel 或 PowerPoint。这些工具也有强大的图表功能,可以和 DeepSeek 生成的图表一起使用。

三、DeepSeek 一键生成视频:创意表达的加速器

(一)准备工作

在开始之前,你需要准备以下工具。

1. DeepSeek 账号:访问 DeepSeek 官网,注册并登录账号。

2. 视频剪辑软件:推荐使用剪映,它简单易用,且支持 AI 功能。

3. 素材生成工具(可选):如果需要生成高质量的图像素材,可以搭配 Midjourney,或者使用可灵、Vidu 等 AI 视频工具。

（二）生成视频脚本

1. 打开 DeepSeek

登录 DeepSeek 官网或应用，进入对话界面。

2. 输入需求

在对话框里，清楚地告诉 DeepSeek 你想要的视频是什么样的。比如，我想做一个关于"春日野餐"的视频，文案要轻松有趣，适合年轻人；再如，做一个 30 秒的宠物领养宣传视频，文案简洁，画面温馨。

记住，描述得越详细，DeepSeek 生成的脚本就越符合你的想法。

3. 获取脚本

点击"生成"，DeepSeek 就会根据你的描述，生成一份详细的视频脚本。这份脚本会告诉你视频的每一秒该展示什么画面，配上什么旁白，就像一个完整的"剧本。

春日野餐视频文案（轻松有趣版）

视频长度：1 分钟

目标受众：年轻人

视频风格：轻松活泼，充满春日气息

BGM：轻快愉悦的背景音乐

开场(0:00-0:05)

　　画面：阳光明媚，草地绿意盎然，花朵盛开。

　　字幕：春天来了，是时候来场说走就走的野餐啦!

准备环节(0:06-0:20)

　　画面：朋友们一起准备野餐食物，包括三明治、水果、零食、饮料等。

　　字幕：野餐吃什么？当然是颜值与美味并存的美食啦!

　　画面：特写各种美食。

　　字幕：别忘了带上野餐垫、篮子和好心情!

出发(0:21-0:30)

　　画面：朋友们骑自行车、滑滑板车，或步行前往野餐地点。

　　字幕：逃离城市喧嚣，拥抱大自然!

野餐进行时(0:31-0:50)

　　画面：朋友们在草地上铺开野餐垫，享受美食，聊天、玩游戏、拍照。

　　字幕：阳光、草地、美食、好友，这才是春天该有的样子!

　　画面：特写朋友们开心的笑脸。

　　字幕：记录美好瞬间，留下春日回忆!

结束(0:51-1:00)

画面：朋友们收拾垃圾，离开野餐地点。

字幕：无痕野餐，从我做起！

画面：朋友们挥手告别。

字幕：期待下一次春日之约！

其他建议：

- 可以使用一些流行的短视频特效和剪辑手法，例如快放、慢放、转场等，增加视频的趣味性和观赏性。
- 可以加入一些幽默的元素，例如朋友之间的搞笑互动、对美食的夸张反应等，吸引观众注意。
- 可以使用一些网络流行语，例如"yyds""绝绝子"等，拉近与年轻观众的距离。

希望以上文案能够帮助你制作出轻松有趣的春日野餐视频！

（三）生成视频素材

1. 登录即梦 AI

打开即梦 AI 官网 jimeng.jianying.com，登录你的账号。

2. 导入脚本

在即梦 AI 的主页点击"视频生成"，然后找到"文本生成"的对话框，将 DeepSeek 生成的脚本粘贴进去。即梦 AI 会根据脚本内容自动解析并生成视频（见图 4-3）。注意，在点击生成前可以选择视频模型，设置视频时长，设置视频画幅比例。

图 4-3　即梦 AI 生成的视频

资料来源：即梦官网，https://jimeng.jianying.com/ai-tool/home。

3. 选择视频风格和素材

即梦 AI 会提供多种视频风格供你选择，比如"温馨治愈""科技感""复古风"等。你可以根据视频的主题选择合适的风格。此外，即梦 AI 还会自动匹配相关的图片和视频素材，如果你有自己准备的素材，也可以上传到即梦 AI 中，让生成的视频更符合你的需求。

4. 生成视频

设置好脚本和风格后，点击"生成视频"按钮。即梦 AI 会根据你的脚本和选择的风格，自动生成一个完整的视频。这个过程可能需要几分钟，具体时间取决于视频的长度和复杂程度。

（四）视频调整与优化：让视频更完美

1. 查看生成的视频

视频生成后，你可以直接在即梦 AI 的界面中预览。看看视频的画面、配音和整体效果是否符合你的预期。

2. 调整配音和字幕

如果你觉得配音的语速太快或太慢，或者字幕的位置不太合适，可以在即梦 AI 的编辑界面中进行调整。比如，你可以让配音更温柔，或者把字幕放在画面的底部，让观众更容易看到。

3. 修改画面和素材

如果对某个画面不满意，比如觉得图片不够清晰，或者画面的过渡效果不好，你可以手动替换素材，或者调整画面的顺序和时长。即梦 AI 提供了简单的编辑功能，让你可以轻松修改这些细节。

（五）导出视频：大功告成！

1. 完成调整后

当你觉得视频已经很棒了，点击即梦 AI 界面中的"导出"按钮就可以导出了。

2. 选择格式和分辨率

根据你的需求，选择合适的视频分辨率和导出格式。比如，如果你想把视频发到抖音，就选一个适合抖音的分辨率。然后，点击"导出"，等一会儿，视频就生成啦！

（六）进阶技巧

如果你需要更高质量的画面素材，可以将 DeepSeek 生成的详细画面描述导入 Midjourney 生成图片，然后将图片导入 AI 视频工具（如可灵、Vidu）生成动态视频片段。最后，将这些视频片段导入剪映进行合成和后期制作。

第三节　DeepSeek 实操案例精析

一、职场办公

（一）案例背景

假设你是一名市场部员工，负责撰写本季度的市场分析报告。这份报告需要涵盖以下几个部分。

1. 市场趋势分析：包括行业动态、竞争对手分析、目标客户群体的变化。

2. 本季度营销活动的效果评估：包括活动数据、用户反馈、成本与收益分析。

3. 下一季度的市场策略建议：基于当前数据和趋势，提出具体的策略方向。

这份报告需要在三天内完成，并且要以 PPT 形式呈现给公司高层。时间紧迫，任务繁重，但有了 DeepSeek 的帮助，一切都可以轻松搞定。

（二）实操步骤

第一步：生成报告大纲

目标：快速梳理报告的结构和要点。

具体操作步骤如下。

1. 打开 DeepSeek 官网，登录账号。

2. 在对话框中输入指令：我是一名市场部员工，需要准备一份本季度的市场分析报告，内容包括市场趋势分析、本季度营销活动效果评估以及下一季度的市场策略建议。请帮我生成一个详细的报告大纲，包括每个部分的要点。

3. 点击"生成"，DeepSeek 会输出一个清晰的报告大纲，例如：

市场分析报告大纲

一、市场趋势分析

　1. 行业动态

　・最新政策法规

　・技术创新趋势

　2. 竞争对手分析

　・主要竞争对手概况

　・竞争优势与劣势

3. 目标客户群体变化

・客户需求变化

・消费行为分析

二、本季度营销活动效果评估

1. 活动数据

・参与人数

・转化率

2. 用户反馈

・正面反馈总结

・改进建议

3. 成本与收益分析

・营销成本

・收益对比

三、下一季度市场策略建议

1. 基于市场趋势的策略调整

2. 针对目标客户的营销方案

3. 预期目标与关键指标

第二步：生成详细内容

目标：根据大纲，快速生成每个部分的详细内容。

具体操作步骤如下。

1.根据大纲中的每个要点,逐一向DeepSeek输入指令,生成详细内容。例如,请帮我生成关于本季度市场趋势分析的详细内容,包括行业动态、竞争对手分析和目标客户群体的变化。

2.点击"生成",DeepSeek会根据你的指令输出详细的内容。

市场趋势分析

本季度,行业面临多项政策调整,如环保法规的加强等,促使企业加大对绿色技术的投入。技术创新方面,人工智能和大数据在市场营销中的应用日益广泛,为精准营销提供了更多可能性。

在竞争对手分析中,主要竞争对手A公司在市场份额上略有增长,主要得益于其在社交媒体营销上的成功。竞争对手B公司则通过推出新产品,吸引了部分年轻用户群体。相比之下,我们公司在技术创新方面仍有提升空间。

目标客户群体方面,本季度数据显示,消费者对个性化产品的需求增加,尤其是在健康和环保领域。消费行为分析表明,线上购买比例持续上升,消费者对产品评价的关注度也更高。

3. 重复上述步骤，分别生成"本季度营销活动效果评估"和"下一季度市场策略建议"的内容。

第三步：一键生成 PPT

1. 将 DeepSeek 生成的完整报告内容复制。

2. 打开 Kimi 官网，点击左侧的"Kimi+"，选择"PPT 助手"。

3. 将复制的内容粘贴到输入框中，选择一个合适的 PPT 模板，例如"商务蓝白"。

4. 点击"一键生成 PPT"，Kimi 会根据内容自动生成一份 PPT。

第四步：优化与调整

1. 在 Kimi 生成的 PPT 中，检查内容是否完整，是否有需要补充或修改的地方。

2. 如果需要，可以手动调整文字、替换图片、调整配色等，确保 PPT 符合你的需求。

3. 为 PPT 添加动画效果和过渡效果，提升演示的专业性和吸引力。

第五步：导出与分享

1. 在 Kimi 中点击"下载"，将 PPT 保存为 PPTX 格式。

2. 如果需要，还可以导出为 PDF 格式，方便分享和打印。

3. 将PPT发送给团队成员或公司高层，准备进行汇报。

（三）案例总结

在这个案例中，DeepSeek 和 Kimi 的组合帮助你高效地完成了市场分析报告的撰写和PPT制作。以下是DeepSeek在职场办公中的核心优势。

- **高效梳理结构**：通过生成大纲，快速厘清报告的逻辑和要点。
- **快速生成内容**：根据大纲，逐条生成详细内容，节省大量撰写时间。
- **一键生成PPT**：将文字内容快速转化为专业PPT，无须手动排版和设计。
- **灵活调整优化**：根据实际需求，对生成的内容和PPT进行个性化调整。
- **节省时间和精力**：在短时间内完成高质量的报告和演示，提升工作效率。

除了市场分析报告，DeepSeek 还可被广泛应用于以下职场场景。

- **撰写项目计划书**：快速生成项目大纲和详细内容。
- **制作销售演示文稿**：一键生成产品介绍和销售策略PPT。
- **数据分析报告**：结合数据，生成分析内容和可视化图表。
- **会议纪要整理**：根据会议内容，快速生成结构化的会议纪要。

在职场中，时间就是金钱。DeepSeek和Kimi的组合为职场办公提供了强大的助力，帮助你在短时间内完成高质量的工作任务。无论是撰写报告、制作PPT还是数据分析，DeepSeek都能轻松搞定。下次面对繁重的职场任务时，不妨试试这个方法。

二、教育培训

（一）案例背景

假设你是一名教育工作者，负责设计一门面向高中生的《人工智能入门》课程。这门课程需要涵盖以下几个部分。

1.课程大纲设计：包括课程目标、教学内容、课时安排。

2.教学内容编写：涵盖人工智能的基本概念、应用场景、技术原理。

3.学习材料整理：编写课后练习题、阅读材料推荐。

4.学生学习情况分析：设计课程反馈问卷，用于评估学生的学习效果。

从课程设计到教学实施，再到学生反馈，整个流程需要在两周内完成。时间紧迫，任务繁重，但有了DeepSeek的帮助，一切都可以轻松搞定。

（二）实操步骤

第一步：生成课程大纲

1.打开DeepSeek官网，登录账号。

2.在对话框中输入指令：我是一名教育工作者，需要设计一门面向高中生的《人工智能入门》课程。请帮我生成一个详细的课程大纲，包括课程目标、教学内容、课时安排。

3.点击"生成"，DeepSeek会输出一个清晰的课程大纲。

《人工智能入门》课程大纲

一、课程目标

1.了解人工智能的基本概念和发展历史。

2.掌握人工智能的主要应用场景和实际案例。

3.理解人工智能的基本技术原理,如机器学习、深度学习等。

4.培养学生对人工智能的兴趣和初步应用能力。

二、教学内容

1.第一课:人工智能概述

·人工智能的定义与历史

·人工智能的发展现状与未来趋势

2.第二课:人工智能的应用场景

·智能家居

·自动驾驶

·医疗健康

3.第三课:人工智能的技术原理

·机器学习基础

·深度学习简介

4.第四课:人工智能的伦理与社会影响

·人工智能的伦理问题

·人工智能对社会的影响

三、课时安排

·每课时:45分钟

·总课时:4课时

第二步：编写教学内容

1. 根据大纲中的每个部分，逐一向 DeepSeek 输入指令，生成详细内容。例如，请帮我生成《人工智能入门》第一课的教学内容，包括人工智能的定义、发展历史以及发展现状。

2. DeepSeek 会根据你的指令输出详细的内容。

第一课：人工智能概述

一、人工智能的定义

人工智能（Artificial Intelligence，AI）是指通过计算机技术实现的智能行为，使机器能够模拟人类的感知、推理、学习和决策能力。

二、人工智能的发展历史

起源阶段（20世纪40—50年代）：图灵提出图灵测试，奠定了人工智能的理论基础。

黄金时期（20世纪60—70年代）：专家系统出现，人工智能在特定领域取得突破。

低谷期（20世纪80—90年代）：由于计算能力限制，人工智能发展缓慢。

复兴期（21世纪初至今）：深度学习的兴起，推动人工

> 智能在图像识别、自然语言处理等领域取得重大突破。
> 三、人工智能的发展现状
> 　　当前，人工智能已广泛应用于智能家居、自动驾驶、医疗健康等领域。随着技术的不断进步，人工智能正朝着更加智能化、人性化的方向发展。

　　重复上述步骤，分别生成第二课、第三课和第四课的教学内容。

第三步：整理学习材料

1. 在 DeepSeek 中输入指令，生成课后练习题。例如，请为《人工智能入门》第一课生成 5 道课后练习题，包括选择题和简答题。

2. DeepSeek 会输出练习题。

> **课后练习题**
> 一、选择题
> 　　1. 人工智能的英文缩写是：
> 　　A. AI
> 　　B. IT
> 　　C. AIOT

2. 图灵测试主要用于测试：

A. 机器的计算能力

B. 机器的智能水平

C. 机器的存储能力

3. 图灵测试的目的是什么？

A. 评估计算机的运算速度

B. 判断机器能否表现出与人类相似的智能

C. 设计更高效的算法

二、简答题

1. 简述人工智能的定义。

2. 列举人工智能的三个主要应用场景。

3. 同样地，输入指令生成推荐阅读材料。例如，请为《人工智能入门》课程推荐5本（篇）适合高中生阅读的书籍或文章。

4. DeepSeek 会输出推荐材料。

推荐阅读材料

1.《人工智能：一种现代方法》（书籍）

2.《人工智能的未来》（书籍）

3.《人工智能在生活中的应用》(科普文章)

4.《图灵测试的意义》(学术文章)

5.《深度学习入门》(在线教程)

第四步:设计课程反馈问卷

1. 在 DeepSeek 中输入指令。例如,请为《人工智能入门》课程设计一份课程反馈问卷,包括学生对课程内容的理解、教学方法的满意度以及改进建议。

2. DeepSeek 会输出问卷模板。

《人工智能入门》课程反馈问卷

亲爱的同学,感谢你完成这门课程!为了进一步提升教学质量,请你花几分钟时间填写以下问卷。

一、课程内容

1. 你对课程内容的理解程度:

A. 非常理解

B. 基本理解

C. 理解有困难

2. 你最喜欢课程中的哪一部分?

A. 人工智能概述

B. 应用场景

　　C. 技术原理

　　D. 伦理与社会影响

二、教学方法

　　1. 你对教学方法的满意度：

　　A. 非常满意

　　B. 比较满意

　　C. 一般

　　2. 你认为教学方法有哪些可以改进的地方？

三、其他建议

　　你对这门课程的其他建议或想法：

第五步：优化与调整

1. 检查生成的教学内容是否完整，是否有需要补充或修改的地方。

2. 根据学生的学习进度和反馈进行调整。

（三）案例总结

在这个案例中，DeepSeek 帮助你高效地完成了《人工智能入门》课程的大纲设计、教学内容编写、课件制作、学习材料整理以及课程反馈问卷设计。以下是 DeepSeek 在教育培训场景中的核心优势。

- **高效梳理课程结构**：通过生成大纲，快速厘清课程的逻辑和要点。
- **快速生成教学内容**：根据大纲，逐条生成详细内容，节省大量撰写时间。
- **灵活调整优化**：根据实际需求，对生成的内容和课件进行个性化调整。
- **节省时间和精力**：在短时间内完成高质量的教学材料，提升工作效率。

除了设计课程，DeepSeek 还可被广泛应用于以下教育培训场景。

- **编写教案**：快速生成教案内容，包括教学目标、教学过程、教学方法。
- **制作教学视频**：结合即梦 AI，生成教学视频，丰富教学资源。
- **学生学习分析**：根据学生的学习数据，生成学习分析报告，帮助教师了解学生的学习情况。

三、创意写作

（一）案例背景

假设你是一名创意写作者，最近接到一个任务，需要在一周内完成一部以"未来城市"为主题的科幻短篇小说。这部小说需要包含以下几个要素。

1. 故事大纲：包括主要情节、冲突和结局。

2. 人物设定：主角、配角的性格特点和背景故事。

3. 场景描写：未来城市的环境、科技元素和氛围。

4. 情节发展：故事的起承转合，以及关键情节的设置。

5. 结尾升华：一个令人深思的结尾，引发读者的共鸣。

（二）实操步骤

第一步：生成故事大纲

1. 打开 DeepSeek 官网，登录账号。

2. 在对话框中输入指令：我需要创作一部以"未来城市"为主题的科幻短篇小说，请帮我生成一个详细的故事大纲，包括主要情节、冲突和结局。

3. 点击"生成"，DeepSeek 会输出一个清晰的故事大纲。

第四章 操作指南：DeepSeek 零门槛效率革命

科幻短篇小说大纲

一、故事背景

在不远的未来，地球上的城市已经高度智能化。人类与机器人和谐共处，但资源分配不均导致社会阶层分化。

二、主要情节

1. 起始事件：主角（一名年轻的程序员）发现了一个隐藏在城市系统中的神秘代码。

2. 冲突升级：主角试图解开代码，却意外卷入了一场涉及城市统治者的阴谋。

3. 高潮：主角联合一群被压迫的底层居民，与统治者展开对抗。

4. 结局：主角成功揭露了阴谋，城市恢复了公平与正义，但主角选择了离开，去寻找新的未知。

三、关键情节

1. 主角在探索过程中发现自己的身世之谜。

2. 未来城市的高科技元素（如飞行汽车、智能建筑等）成为情节发展的关键。

3. 一个意外的反转：主角的导师其实是阴谋的幕后黑手。

第二步：完善人物设定

1. 在 DeepSeek 中输入指令，生成主角的背景设定。例如，请为这部科幻小说的主角生成一个详细的背景故事，包括他的性格特点、成长经历和动机。

2. DeepSeek 会输出详细的人物设定。

> **主角背景设定**
>
> 1. 姓名：李明
>
> 2. 性格特点：聪明、勇敢、富有正义感，但内心孤独。
>
> 3. 成长经历：李明出生在一个普通的工人家庭，自幼对科技充满兴趣。他的父亲是一名机器人维修工，母亲是一名教师。在成长过程中，李明目睹了社会的不公，这让他对改变现状充满渴望。
>
> 4. 动机：发现神秘代码后，李明希望通过解开代码，揭露隐藏在城市背后的真相，为底层人民争取公平。

第三步：丰富场景描写

1. 在 DeepSeek 中输入指令，生成未来城市的环境描写。例如，请为这部科幻小说生成一段未来城市的环境描写，包括城市的建筑、交通和氛围。

2. DeepSeek 会输出详细的场景描写。

未来城市环境描写

天空被高耸入云的摩天大楼切割成狭长的蓝色条带,飞行汽车在高楼之间穿梭,留下一道道光影。街道上,智能机器人与人类并肩行走,巨大的全息广告在空中闪烁,展示着最新的科技产品。尽管城市表面光鲜亮丽,但底层区域却充满了阴暗和破败,狭窄的巷子里弥漫着潮湿的气息,这里是被遗忘的角落。

3. 输入指令,生成关键科技元素的描写。例如,请为这部科幻小说生成一段关于未来城市中高科技元素的描写,如智能建筑和飞行汽车。

4. DeepSeek 会输出详细的科技元素描写。

科技元素描写

智能建筑的外墙可以根据天气和光线自动调节透明度,内部的智能家居系统能够感知居民的情绪,自动调整室内环境。飞行汽车在空中有序飞行,通过智能交通系统避免碰撞,它们的外观流线型设计,仿佛是未来科技的化身。

第四步：完善情节发展

1. 在 DeepSeek 中输入指令，生成故事的起承转合。例如，请为这部科幻小说生成一段详细的情节发展，包括起始事件、冲突升级、高潮和结局。

2. DeepSeek 会输出详细的情节描述。

情节发展

1. 起始事件：李明在一次偶然的机会，发现了一个隐藏在城市系统中的神秘代码。他试图解开代码，却意外触发了城市的警报系统。

2. 冲突升级：李明被城市安全部队追捕，他不得不躲藏起来。在躲避追捕的过程中，他结识了苏菲和一群被压迫的底层居民。他们告诉李明，代码背后隐藏着统治者的阴谋。

3. 高潮：李明联合苏菲和她的团队，潜入城市的核心区域，试图解开代码。在一场激烈的对抗中，李明发现自己的导师竟然是阴谋的幕后黑手。

4. 结局：李明成功揭露了阴谋，城市恢复了公平与正义。然而，他意识到这个世界的复杂远超他的想象，于是选择离开，去寻找新的未知。

第五步：设计结尾升华

1. 在 DeepSeek 中输入指令，生成故事的结尾。例如，请为这部科幻小说设计一个令人深思的结尾，引发读者对未来的思考。

2. DeepSeek 会输出详细的结尾描述。

结尾升华

　　李明站在城市的边缘，望着远方的星空。他解开了代码，也揭开了隐藏在城市背后的真相。城市恢复了公平与正义，但李明知道，这只是开始。他决定离开这个城市，去寻找新的未知。在未来的道路上，他将继续探索，寻找属于自己的答案。而这座城市，也在他的影响下，悄然发生着变化。

第六步：优化与调整

1. 检查生成的故事内容是否连贯，情节是否合理，人物是否立体。

2. 根据自己的创意，对情节、人物和场景进行调整。例如，增加一些细节描写，让故事更加生动。

3. 为故事添加一些个人风格，比如幽默的语言或独特的视角，让作品更具个性。

第七步：导出与分享

1. 将优化后的短篇小说整理成文档，保存为 Word 或 PDF 格式。

2. 如果需要，可以将故事发布到写作平台（如知乎、简书）或投稿到杂志。

3. 收集读者的反馈，进一步优化作品。

（三）案例总结

在这个案例中，DeepSeek 帮助你高效地完成了科幻短篇小说的创作，从故事大纲到人物设定，从场景描写到情节发展，再到结尾升华，DeepSeek 都提供了强大的支持。以下是 DeepSeek 在创意写作场景中的核心优势。

- **快速梳理结构**：通过生成大纲，快速厘清故事的逻辑和情节走向。
- **激发灵感**：根据大纲，生成详细的人物设定、场景描写和情节发展，激发更多创意。
- **节省时间和精力**：在短时间内完成高质量的写作内容，避免写作过程中的拖延和迷茫。
- **灵活调整优化**：根据实际需求，对生成的内容进行个性化调整，让作品更具个人风格。

除了科幻小说创作，DeepSeek 还可被广泛应用于以下创意写作场景。

- **小说创作**：快速生成故事大纲、人物设定和情节发展。
- **剧本撰写**：生成剧本框架、角色台词和场景转换。
- **文案策划**：生成广告文案、品牌故事或营销文案。
- **诗歌创作**：激发灵感，生成诗句或诗歌主题。

05

第五章

企业落地：DeepSeek辅助企业经济分析

第一节　DeepSeek 助力宏观政策分析

在本小节中，我们将以一个具体案例作为导引，详细介绍运用 DeepSeek 进行宏观政策分析的方法。

一、案例背景与分析步骤

案例背景：一家电力设备制造企业希望积极响应国家"节能减碳"的工作要求，重点发展相关电力设备的研制，想研究和了解这一领域的相关国家政策。

对于该企业所在领域的宏观政策分析，可以按照六个步骤进行：政策获取的提示词设计、政策信息的简洁概览、政策的深入分析、政策的研究洞察、政策的影响下探、政策分析的可视化呈现。

针对这一场景的政策分析将使用接入了 DeepSeek 推

理模型 R1 的秘塔 AI（https://metaso.cn/）工具来完成，相较于直接使用联网搜索功能的 DeepSeek，秘塔 AI 在进行搜索时的结构化呈现能力更强，更适合宏观政策类的专业分析。

秘塔 AI 具有三种模式：简洁、深入、研究，分别适合不同的场景使用。

- **简洁**：提供最直接的答案，回答简短，适合快速获取基础信息。
- **深入**：进一步深入调研问题，在回答问题的基础上会补充丰富的背景信息、逻辑拆分和信息拓展。
- **研究**：会针对问题进行一系列的扩展发散研究，最终结果以系统性的研究报告呈现。

建议遵循从简洁模式到深入模式再到研究模式的逐步深化顺序，这样可以先形成对目标分析领域的整体概览，然后逐步深入和细化，最终展现出该专业领域的分析全貌。同时，秘塔 AI 还具备将最终的搜索结果生成网页可视化的能力，便于更好地呈现获取到的信息。

二、政策获取的提示词设计

对于政策获取类的提示词，可以参考 DeepSeek 推理模型"背景信息—直接需求—约束条件"三要素的提示词框架，在此基础上对每个框架要素的维度进行进一步细化。

- **背景信息**
  - 行业定位："电力装备制造业""智能电网设备制造""新能源输变电设备"。
  - 技术范畴："特高压输电""储能系统""电能质量治理"。
  - 政策周期："十四五"规划、"2030年前碳达峰行动方案"。

- **直接需求**
  - 政策类型检索："财政补贴政策""税收优惠政策""研发专项指南"。
  - 技术标准查询："能效等级标准""设备准入规范""碳排放核算方法"。
  - 应用场景定位："工业园区节能改造""新能源并网技术要求""老旧设备更新目录"。

- **约束条件**
    - 时效性限定:"2020—2025年现行有效政策"。
    - 地域性限定:"长三角区域环保政策""粤港澳大湾区绿色金融配套措施"。
    - 主体性限定:"中小企业适用条款""高新技术企业认定标准"。

根据以上维度,可以构建检索指令的提示词。例如,检索2021年以来国家部委发布的针对特高压设备制造企业的研发补贴政策,要求包含设备能效等级标准的具体指标。

拆解以上提示词的构成,可以得到如表5-1所示的该提示词的构成方式。

表5-1 提示词的构成方式

提示词片段	所属维度	具体分类领域
2021年以来	约束条件维度	时效性限定(政策时间范围)
国家部委发布的	约束条件维度	主体性限定(政策发布层级)
特高压设备制造企业	背景信息维度	行业定位(细分行业界定)
研发补贴政策	直接需求维度	政策类型检索(财政支持类)
设备能效等级标准的具体指标	直接需求维度	技术标准查询(能效规范类)

三、政策信息的简洁概览

在政策信息的初始搜集阶段,可以对政策信息进行简单的概览,以把握宏观政策的整体方向。可以先选择秘塔 AI 的简洁模式,并打开深度思考(R1)模式进行搜索。输入提示词"检索 2021 年以来国家部委发布的针对特高压设备制造企业的研发补贴政策,要求包含设备能效等级标准的具体指标"可以得到以下结果。在检索结果中,会给出每个关键信息的参考来源,可以据此核对 AI 输出的每个关键政策信息的正确性。

一、研发补贴政策

1. 中央预算内投资对高效用能产品设备及相关零部件制造项目提供支持,鼓励地方配套资金和绿色金融支持,例如金融机构为高能效设备研发提供信贷支持。

2. 财税激励措施包括:一级能效变压器可享受增值税即征即退 70%,节能改造项目设备购置补贴 30%。

二、能效等级标准

1.《电力变压器能效限定值及能效等级》(GB 20052—2020)于 2021 年实施,新增变压器能效限定值比旧标准损耗降低 10%~45%。相关计划文件提出，高效节能变压器占比 2023 年预计将达 75% 以上。

2.《重点用能产品设备能效先进水平、节能水平和准入水平（2022 年版）》明确设备能效分级，要求能效低于"节能水平"的产品原则上不予补贴，并推动能效标准与补贴政策衔接。

根据以上结果，可以把握"专项资金支持"和"退税与补贴"两大核心政策方向，对于能效等级标准也能具备初步感知。

四、政策的深入分析

在简洁模式得到结果的最下方，可以点击"深入"按钮，围绕这个问题进行进一步的深入分析，得到结果如下。

一、研发补贴政策

1. 中央预算内投资支持

国家发展改革委等部门在《重点用能产品设备能效先进水平、节能水平和准入水平（2022 年版）》中明确，加大中央预算内投资对高效用能产品设备及相关零部件制造项目的支持力度,并鼓励地方政府配套资金支持。特高压设备制造企业若研发或生产符合能效先进水平的产品,可优先获得此类资金支持。

2. 财税激励措施

根据2024年行业报告,一级能效变压器可享受增值税即征即退70%的优惠,节能改造项目还能获得设备购置费用30%的补贴。这一政策直接降低了企业研发和生产高效能设备的成本。

3. 绿色金融支持

多部门联合文件提出强化绿色金融支持,鼓励金融机构为研发高能效产品的企业提供信贷支持,例如低息贷款或专项融资渠道。

4. 优先纳入产业目录

符合能效先进水平的产品技术可被纳入《绿色低碳转型产业指导目录》《绿色技术推广目录》等,从而获得更多政策倾斜和市场推广支持。

二、能效等级标准的具体指标

1. 电力变压器能效标准

· 2021年新标准:《电力变压器能效限定值及能效等级》(GB 20052—2020)大幅提升能效要求,规定变压器空载损耗需比旧标准降低10%~45%,且能效指标优于欧盟和美国标准。新标准将能效分为三级,其中一级为最高能效等级。

- 2024 年升级要求:《电力变压器能效限定值及能效等级》(GB 20052—2024)进一步强制淘汰 S13 以下标准变压器,要求空载损耗再降低 40%。相关政策将推动非晶合金变压器占比提升至 50%。

2. 特高压设备系统能效要求

- 特高压输电设备需符合智能变压器相关技术规范,要求 2026 年前实现局放监测、温度预警功能全覆盖,确保设备运行高效稳定。
- 新能源并网设备(如风电、光伏专用变压器等)需满足 110 kV 及以上电压等级的能效指标,并适应高比例可再生能源接入的需求。

3. 能效分级与补贴挂钩

- 政策明确:仅对能效达到节能水平及以上(即二级或一级)的设备提供补贴,低于节能水平的产品原则上不予支持。例如,一级能效变压器可享受最高财税优惠。

三、政策实施时间与部门

1. 2021 年,国家标准化管理委员会加快特高压交直流输电标准研制,能源局开展特高压工程成效监管。

2. 2021,工信部等三部门联合印发《变压器能效提升计划（2021—2023年）》，提出当年新增高效节能变压器占比达到75%以上。

3. 2022—2024年，多部门联合发布能效分级文件，动态更新能效标准并强化补贴导向。

四、总结

特高压设备制造企业的研发补贴政策以中央预算投资、财税优惠、绿色金融为核心，同时通过强制性能效标准升级（如GB 20052系列）推动产业技术升级。企业需将产品能效提升至一级或二级水平，并满足空载损耗降低、智能化监测等具体指标，方可获得政策支持。

相较于简洁模式，深入模式对于研发补贴相关政策和能效等级标准指标的呈现更加细致，并详细阐述了政策实施的时间与部门。除了政策深入分析的直接结果外，在结果下方秘塔AI还整理了与政策分析相关事件和相关组织的信息。

五、政策的研究洞察

在深入分析后，可以点击最下方的"研究"按钮，对政策分析的结果进行进一步研究拓展，得到部分结果截取如下。

一、国家层面相关补贴政策概览

1.《变压器能效提升计划（2021—2023年）》（工信部、市场监管总局、国家能源局，2021年1月）

- 资金支持：通过现有资金渠道支持高效节能变压器的技术研发、公共服务平台建设及骨干企业培育。
- 税收优惠：符合条件的企业可申请税收优惠、融资担保等政策支持。
- 采购倾斜：政府优先采购高效节能变压器，鼓励在新能源电站、特高压工程等领域应用。

2.《加快电力装备绿色低碳创新发展行动计划》（工信部等五部门，2022年8月）

- 支持特高压输变电装备的技术攻关，重点覆盖柔性直流输电、高压开关设备等。
- 对国产化示范项目给予财政补贴，优先支持能效达标的企业。

3. 国家发展改革委技术改造专项（2021年）

- 投资补助：对固定资产投资≥2亿元部分符合相关要求条款的项目，按15%比例补助，最高1亿元。
- 支持领域：特高压设备智能化改造、国产化替代。

二、能效等级标准的通用分级框架

- 准入水平：市场准入最低要求，与现行强制性标准一致（如 GB 20052—2020 的三级）。
- 节能水平：不低于能效二级，需比准入水平节能 10%~20%。
- 先进水平：对标国际最高标准，作为补贴和政府采购的优先对象。

三、政策实施特点

1. 动态调整机制：能效标准每 3~5 年升级。

2. 惩罚性措施：对能效低于准入水平的产品禁止生产销售，且不得享受补贴。

3. 地方配套政策：比如部分地市对采购一级能效设备的企业额外补贴投资额的 20%。

四、总结

2021 年以来的政策体系通过"补贴+标准"双轮驱动，推动特高压设备向高能效方向升级。企业需重点关注以下要点。

1. 研发方向：优先布局符合能效一级的特高压变压器、柔性直流设备等。

2. 申报条件：确保产品通过国家级能效检测。

3. 政策联动：结合《中国制造 2025》及"双碳"目标，争取跨部门资金支持。

六、政策的影响下探

在上述分析结果的基础上,可以进行进一步追问,例如:"电力设备制造行业的企业可以采取哪些行动来适应这些政策?"据此可以得到的部分结果如下。

电力设备制造企业适应政策的行动路径与策略

为适应国家针对特高压设备制造企业的研发补贴政策及能效标准要求,企业需采取多维度行动,涵盖技术升级、政策利用、产业链协同、市场拓展等方面。以下是具体策略及实施要点。

一、聚焦能效标准升级,推动核心技术研发

  1. 优化产品能效参数

  ·对标国际先进水平:将核心设备(如电力变压器、换流阀等)的能效指标提升至 GB 20052—2024 的一级标准,通过新材料(如非晶合金铁芯等)和工艺改进降低损耗。

  ·建立动态研发机制:设立专项研发团队跟踪能效标准更新(比如 2024 年新版变压器能效标准),提前布局下一代技术(如超导变压器、智能损耗控制系统等)。

  2. 申请国家级研发支持

- 利用政策资金池：申报工信部"技术改造专项"或国家发展改革委"绿色低碳技术攻关"项目。
- 参与联合攻关计划：与科研院所（如中国电科院等）合作开发特高压柔性直流输电、高压 GIS 设备等关键技术，共享知识产权。

二、强化绿色制造与智能化转型

1. 构建绿色生产体系

- 全生命周期碳管理：引入 LCA（生命周期评价）方法，优化原材料采购（如低损耗硅钢等）、生产工艺（如真空干燥技术等）和回收体系（如变压器油循环利用等）。
- 绿色认证与补贴申领：通过《绿色工厂评价通则》认证，获取地方额外补贴。

2. 推进智能化升级

- 数字化车间改造：部署工业互联网平台，实现变压器绕线、真空注油等工序的智能监控与故障预测。
- 产品智能化集成：在一二次融合设备（如智能开关、配变终端等）中嵌入 AI 算法，提升电网状态感知与自适应能力。

三、参与国家示范工程与市场协同

1. 抢占特高压工程订单

- 绑定核心项目：重点跟进国家电网"十四五"期间在特高压领域的投资建设计划。
- 国产化替代突破：针对"卡脖子"部件，联合攻关实现进口替代。

2. 拓展新能源配套市场

- 开发定制化产品：根据风电、光伏基地需求设计高海拔特高压变压器、抗盐雾GIS设备。
- 布局储能集成业务：依托特高压通道的调峰需求，开发储能变流器（PCS）与变压器一体化解决方案。

四、优化产业链协同与资本运作

1. 构建产业集群生态

- 纵向整合供应链：与上游企业签订长期协议锁定成本，与下游电网企业共建联合实验室。
- 横向跨界合作：联合新能源车企开发光储充一体化微电网，探索特高压与分布式能源协同模式。

2. 资本工具灵活运用

- 政策融资渠道：发行绿色债券或申请"能效提升专项贷款"，覆盖技术改造初期投入。
- 并购重组策略：收购区域性中小型变压器企业（如江浙地区非标产能等），快速扩大高效节能产品市场份额。

五、应对政策风险的动态调整

1. 建立合规管理体系

- 能效合规审查：设立内部检测中心，确保新产品通过相关认证，避免因能效不达标失去补贴资格。
- 政策预警机制：跟踪工信部、能源局动态，及时调整研发方向。

2. 区域差异化布局

- 重点区域深耕：在内蒙古、甘肃等新能源基地周边布局生产基地，享受地方税收减免和物流补贴。
- 国际市场开拓：针对东南亚国家、中东欧国家等推广中国特高压标准，突破欧美高价设备垄断。

六、总结与建议

电力设备制造企业需以"技术+政策+生态"三位一体为核心策略。

1. 技术端：以能效升级为纲，攻克高损耗、低可靠性等痛点。
2. 政策端：最大化利用补贴与税收优惠，降低转型成本。
3. 生态端：通过产业链协同形成规模效应，提升议价能力。

企业应优先选择"高能效产品研发→申报示范工程→拓展海外市场"的路径，同时建立灵活的资本与合规机制以应对政策动态变化。

七、政策分析的可视化呈现

针对以上政策研究的结果,可以点击"生成互动网页"按钮,对政策研究的结果进行可视化呈现,示例的部分结果如图 5-1 所示。

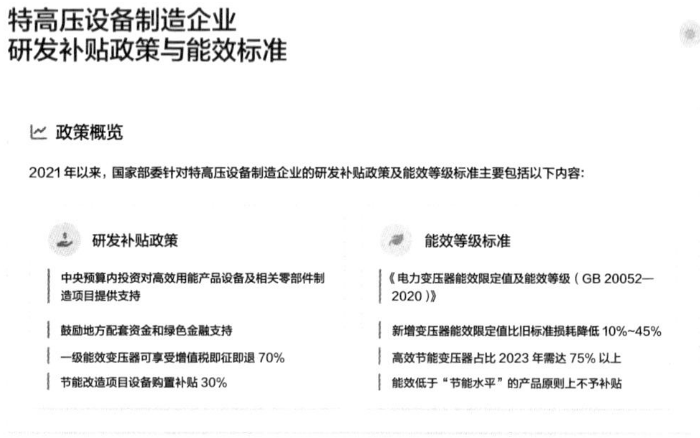

特高压设备制造企业研发补贴政策与能效标准

政策概览

2021 年以来,国家部委针对特高压设备制造企业的研发补贴政策及能效等级标准主要包括以下内容:

研发补贴政策
- 中央预算内投资对高效用能产品设备及相关零部件制造项目提供支持
- 鼓励地方配套资金和绿色金融支持
- 一级能效变压器可享受增值税即征即退 70%
- 节能改造项目设备购置补贴 30%

能效等级标准
- 《电力变压器能效限定值及能效等级(GB 20052—2020)》
- 新增变压器能效限定值比旧标准损耗降低 10%~45%
- 高效节能变压器占比 2023 年需达 75% 以上
- 能效低于"节能水平"的产品原则上不予补贴

图 5-1 政策分析的可视化呈现示例

八、政策分析结果的信息核对

运用 DeepSeek 等 AI 工具进行政策研究等专业领域的分析时,即便接入了高质量的检索源,仍需要对相关结果进行仔细核对,可以点击右上角引用的参考文献角标,进行原始来源的核对;也可以运用搜索引擎、豆包等其他带搜索功能的 AI，对查询到的数据进行交叉验证。

通常来说，运用 AI 进行专业领域的分析时，所有涉及具体事实的陈述（如人物、事件、机构名称、技术参数等）均需进行二次验证，AI 可能因训练数据局限或逻辑推理偏差，生成看似合理但实际错误的内容，在政策分析中，需要重点确认以下内容。

- **数据信息**：数据类信息是 AI 分析的重灾区，在分析结果的呈现中容易引用错误的数据，或误解数据所代表的含义，需要重点核对。
- **时间信息**：当引用来源存在较多时间信息时，AI 在理解时容易产生混淆，需要对时间信息进行重点确认。
- **公司案例信息**：对于所有公司案例的信息，需要核对真实性，AI 在输出公司案例信息时往往容易"张冠李戴"。
- **政策文件信息**：对于政策类文件信息，需要检查是否真实存在这些文件，以及 AI 输出的事实性信息是否来源于 AI 说明中引用的政策文件。

第二节　DeepSeek 助力产业经济分析

在本小节中，我们将以一个具体案例为导引，详细介绍运用 DeepSeek 进行产业经济分析的方法。

一、案例背景与分析步骤

案例背景：前文提到的电力设备制造企业在做完政策分析后，希望梳理自己上下游的产业链关系，以了解自身节能减排的相关措施实施后对于上下游的影响，为此需要进行产业分析。

对于该企业所在领域的产业经济分析，可以按照四个步骤进行：梳理上下游产业链关系、产业链图谱可视化、产业链影响分析角度提取、产业分析报告的撰写。

后文将以此案例为主线，具体阐述分析过程的相关细节。

二、梳理上下游产业链关系

在分析节能减排相关措施对于上中下游的影响前，需要

第五章　企业落地：DeepSeek辅助企业经济分析

厘清电力设备制造企业产业链的上中下游关系，可以使用DeepSeek的R1模型，并输入提示词。例如，请生成电力设备制造企业的上中下游产业链关系。

生成结果如下。

一、上游（供应端）

　　1. 原材料供应商

　　· 金属材料：铜（电线）、铝（变压器）、特种钢（设备外壳）

　　· 非金属材料：绝缘陶瓷（断路器）、硅钢片（电机核心）

　　· 化工原料：环氧树脂（绝缘材料）

　　2. 零部件供应商

　　· 核心组件：变压器线圈、断路器触点、电缆接头

　　· 辅助部件：仪表盘、控制芯片、散热装置

　　3. 技术支持

　　· 研发机构：新型绝缘材料开发

　　· 软件公司：设备智能控制系统

二、中游（制造端）

　　电力设备制造商（核心企业）

　　· 产品类型：发电设备（汽轮机）、输变电设备（高压开关）、配电设备（智能电表）

- 技术整合：将 200+ 零部件组装成完整设备

三、下游（应用端）

1. 直接客户

- 发电企业：火电厂采购锅炉、风电场采购变流器
- 电网公司：采购变电站成套设备、智能电表
- 工程承包商：EPC 总包方采购输配电设备

2. 终端应用

- 基建领域：高铁供电系统、数据中心 UPS 电源
- 工业用户：钢厂专用变压器、化工厂防爆开关
- 民用领域：小区配电箱、充电桩模块

3. 配套服务

- 安装调试：设备现场安装团队
- 运维服务：预防性维护、故障抢修
- 备件供应：断路器触头等易损件供应

三、产业链图谱可视化

为了更清晰地展现电力设备产业链结构，可以使用 Napkin 对产业链结构中的核心要素进行可视化。Napkin（https://www.napkin.ai/）是一款将文本内容转化为演示图像

的 AI 办公工具，可以方便地实现对结构化信息的可视化。

将 DeepSeek 生成的结果复制到 Napkin，选中要生成图片对应的文字内容，点击右侧框选中范围的蓝色闪电图标，Napkin 可以直接提取主干信息并生成图片（见图 5-2）。

图 5-2　Napkin 生成图片的操作过程

生成图片后可以根据个人喜好和呈现需求选择不同的可视化样式，图 5-3 是生成后有关产业链图谱的可视化示例。

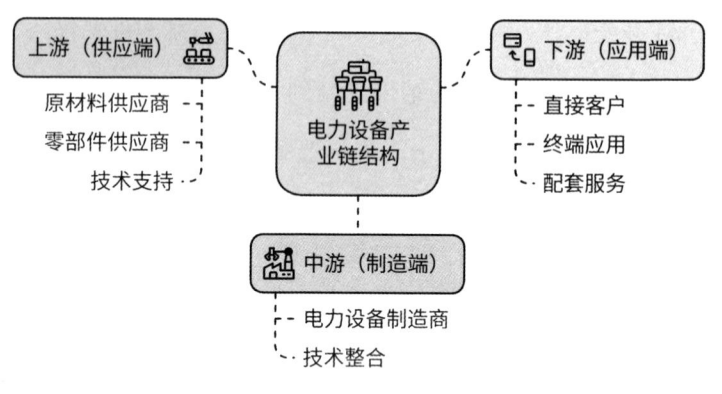

图 5-3　Napkin 生成的产业链结构

四、产业链影响分析角度提取

在获取完上中下游产业链关系后，可以基于获得的产业链图谱进行影响分析角度的提示词提取，例如，电力设备制造企业想了解自身节能减排的相关措施实施后对于上中下游的影响，有哪些方面可以分析？

上述提示词生成的部分输出如下。

> 一、对上游供应链的影响
> 　1. 原材料需求变化
> 　· 若改用低碳材料（如再生铝替代原生铝、生物基绝缘材料等），将导致：

- 金属/化工供应商调整生产工艺（比如增加废金属回收产线）；
- 供应商认证门槛提高（需提供碳足迹报告）；
- 传统材料供应商可能面临订单缩减风险。

2. 零部件技术要求升级

・要求供应商提供高能效组件（如低损耗变压器铁芯、节能型冷却系统等）：

- 推动上游技术迭代（比如硅钢片磁导率提升）；
- 小型供应商可能因技术壁垒被淘汰，供应链集中度提高。

3. 采购模式转变

・优先选择绿色认证供应商，可能：

- 缩短运输半径（本地化采购降低物流碳排放）；
- 增加供应链审计成本（需验证供应商环保合规性）。

二、对中游制造端的直接影响

1. 生产成本结构

・短期：设备改造（如光伏屋顶安装等）、工艺升级（精益生产）增加资本开支。

・长期：能耗降低（如电炉替代燃煤加热等）减少运营成本，形成成本优势。

2. 产品竞争力重构

- 高能效产品（如一级能效变压器等）可获取：
  - 政策补贴（如国家节能产品目录入围等）；
  - 溢价销售空间（电网招标中加分）。
- 但研发投入增加可能导致毛利率短期承压。

3. 生产流程优化

- 数字化减排（MES系统监控能耗）→ 提升良品率。
- 废弃物循环（金属边角料重熔）→ 降低原材料损耗率。

三、对下游客户及市场的影响

1. 客户运营成本变化

- 为电网公司提供低损耗变压器 → 降低其输配电成本。
- 为工厂提供智能节电设备 → 帮助客户达成ESG目标，增强客户黏性。

2. 市场准入资格

- 欧盟碳关税（CBAM）倒逼出口设备碳足迹达标 → 否则下游海外客户可能转单。
- 国内绿电园区、零碳工厂项目强制要求设备供应商提供减排证明。

3. 服务模式延伸

- 从卖设备转向"产品+能效服务"（如合同能源管理）→

抢占运维后市场。

・带动下游安装商升级技能（需掌握碳监测设备调试）。

四、产业链协同效应分析

影响维度	正向协同案例	潜在冲突风险
技术扩散	向供应商输出低碳生产工艺	供应商技术保密与减排要求的矛盾
成本分摊	与客户共建绿色溢价分成机制	下游不愿承担设备升级附加成本
标准统一	联合制定行业碳排放测算标准	不同企业因减排进度差异导致合作阻滞
数据联通	建立供应链碳管理平台共享数据	商业机密泄露担忧

五、重点量化评估指标

1. 上游：绿色材料采购占比、供应商碳达标率、物流碳排放强度

2. 中游：单位产值能耗、产品全生命周期碳足迹、再生材料使用率

3. 下游：客户节能效益分成金额、低碳产品市占率、碳标签认证数量

六、风险预警

1. 绿色陷阱：过度投资减排技术而忽视市场需求（比如氢能设备超前研发）。

2. 政策波动：碳核算标准频繁变更导致供应链反复调整。

3.国际传导：欧美供应链碳追溯要求引发的连锁反应（比如被迫更换海外供应商）。

五、产业分析报告的撰写

针对以上框架中的每一点，可以利用 DeepSeek 进行拓展撰写，如果有相关的产业数据资料，可以作为附件上传，让分析结果更具说服力和实操落地性。上传后可以重复使用提示词最终生成完整的产业分析报告，例如，请根据附件，拓展撰写指定上述框架中的某一块内容，要求附上这部分的撰写要求。

最终，将每部分输出的结果按照前期生成的框架整合在一起，补充上可视化的图片，并进行适当的衔接润色，产业链分析的初稿也就形成了。同样需要注意的是，对于事实类信息的部分，需要确认 DeepSeek 生成的真实性。

第三节　DeepSeek 助力财务分析

在本小节中，我们将示例分析如何运用 DeepSeek 来辅助财务分析。

第五章 企业落地：DeepSeek辅助企业经济分析

一、案例背景与分析步骤

本节将某虚拟公司2022—2024年简化后的利润表作为示例进行演示，该利润表如表5-2所示。

表5-2 某虚拟公司2022—2024年的简化利润表

单位：万元

项目	2022年	2023年	2024年
营业收入	100 000	120 000	141 600
减去营业成本	72 000	84 000	97 080
毛利润	28 000	36 000	44 520
减去销售费用	5500	6000	7080
减去管理费用	4000	4500	5100
减去研发费用	7500	9000	11 328
减去财务费用	2000	1500	1200
营业利润	9000	15 000	19 812
加上其他收益	500	800	1200
利润总额	9500	15 800	21 012
减去所得税费用	2375	3950	5253
净利润	7125	11 850	15 759

本小节将演示用表5-2进行复合增长率与毛利驱动分解分析、研发费用效益的边际分析和税收优惠的场景分析，分析前需要将表5-2存入Excel中，并上传到DeepSeek的附

件模块。上传的同时,输入相关财务提示词,开启深度思考(R1)模式,DeepSeek就能返回财务分析的相关输出。对于输出的计算结果,建议进行预算检查,以确保分析结果的准确性。

二、复合增长率与毛利驱动分解分析

运用DeepSeek结合利润表的数据计算出营业收入和营业成本的年均复合增长率(CAGR),能够量化评估公司核心业务的扩张速度和成本控制的动态效率,从而揭示企业规模增长的质量与可持续性。营业收入的CAGR反映市场占有率和产品竞争力的长期趋势,而营业成本的CAGR则反映供应链管理、原材料波动或生产效率的变化。

在此基础上,进一步分解毛利率提升的核心因素,可精准识别盈利改善的关键抓手。这种分析不仅为管理层提供战略调整的依据,也能形成对财务健康度和成长潜力的系统性评价。

提示词示例:基于2022—2024年利润表,计算营业收入、营业成本的年均复合增长率(CAGR),并分解毛利率提升的核心因素,输出增长贡献度百分比。

第五章　企业落地：DeepSeek 辅助企业经济分析

一、营业收入与营业成本年均复合增长率（CAGR）

1. 营业收入 CAGR

$$CAGR = \left(\frac{141\,600}{100\,000}\right)^{\frac{1}{2}} - 1 = 1.19 - 1 = 19\%$$

2. 营业成本 CAGR

$$CAGR = \left(\frac{97\,080}{72\,000}\right)^{\frac{1}{2}} - 1 = 1.16 - 1 = 16\%$$

二、毛利率提升的核心因素分解

1. 毛利率变化

· 2022 年毛利率：28%

· 2024 年毛利率：31.44%

提升幅度：3.44 个百分点

2. 因素分解（基于成本率变化）

· 营业收入增长贡献（70.5%）

  ○ 收入增长：2022—2024 年累计增长 41 600 万元。

  ○ 假设成本率保持 72%，收入增长带来的毛利润贡献：

  $$41\,600 \times (1 - 72\%) = 11\,648\,（万元）$$

· 营业成本控制贡献（29.5%）

  ○ 实际成本率从 72% 下降至 68.57%，累计节约成本：

  $$141\,600 \times 72\% - 97\,080 = 4872\,（万元）$$

  ○ 贡献度比例：

$$收入增长贡献 = \frac{11\,648}{16\,520} \times 100\% \approx 70.5\%$$

$$成本控制贡献 = \frac{4872}{16\,520} \times 100\% \approx 29.5\%$$

三、结论

1. 增长驱动

收入增长（CAGR 19%）快于成本增长（CAGR 16%），叠加成本率下降，共同推动毛利率提升。

2. 核心因素

· 收入扩张贡献约 70.5%，反映市场扩张或定价能力提升。

· 成本优化贡献约 29.5%，体现供应链效率改善或规模效应。

三、研发费用效益的边际分析

通过 DeepSeek 对比研发费用增速与营业利润增速，并计算研发投入边际效益，可以量化评估企业技术创新对盈利能力的实际贡献效率。若该比值高于行业阈值，则表明公司的研发投入具有较高的技术转化效率，说明其研发方向精准、成果商业化能力强，能够有效推动产品竞争力或成本优化，从而转化为超额利润；反之，若比值低于行业阈值，则可能反映研发资源错配、技术落地滞后或行业竞争加剧导致

第五章 企业落地：DeepSeek 辅助企业经济分析

的边际收益递减。

这一分析不仅可以揭示企业创新驱动的质量（比如是否陷入"高研发低产出"陷阱），还能辅助管理层优化研发策略（比如聚焦高回报领域或调整研发周期）。最终，该指标可横向对比行业地位，纵向跟踪企业技术战略的有效性，成为财务分析中连接研发投入与盈利增长的核心桥梁。

假设行业阈值为 0.8，则提示词为：对比 2023—2024 年研发费用增速与营业利润增速，计算研发投入边际效益，评估技术转化效率是否高于行业阈值（阈值为 0.8）。

生成结果如下。

一、计算研发费用增速和营业利润增速

1. 研发费用

- 2023 年研发费用：9000 万元
- 2024 年研发费用：11 328 万元
- 研发费用增速 =（11 328 − 9000）/9000 = 2328/9000 ≈ 0.258 7（25.87%）

2. 营业利润

- 2023 年营业利润：15 000 万元
- 2024 年营业利润：19 812 万元

- 营业利润增速＝(19 812－15 000)/15 000＝4812/15 000≈0.320 8（32.08%）

二、计算研发投入边际效益

研发投入边际效益＝营业利润增速/研发费用增速＝0.320 8/0.258 7≈1.24

三、评估技术转化效率

行业阈值为0.8，计算得到的研发投入边际效益为1.24。因为1.24＞0.8，所以技术转化效率高于行业阈值。

四、结论

- 研发费用增速：25.87%
- 营业利润增速：32.08%
- 研发投入边际效益：1.24
- 技术转化效率高于行业阈值（0.8），表明研发投入的效益较好。

四、税收优惠的场景分析

对于科技企业，获得高新技术认证会有诸多好处。本部分就重点分析所得税税率优惠获得的相关好处。假设2024年企业获得高新技术认证后，所得税率降至15%，则可以量化

第五章　企业落地：DeepSeek 辅助企业经济分析

评估税收优惠政策对财务绩效的实际影响。

假设2024年净资产为8亿元（即80 000万元），可以通过计算净利润、净资产收益率（ROE）的差异，量化评估税收优惠政策对财务绩效的实际影响。

运用DeepSeek完成上述财务分析的提示词示例：2024年企业的净资产为80 000万元，若2024年企业获高新技术认证，所得税率下降至15%，请计算净利润、净资产收益率（ROE）的增幅，并与当前25%税率场景对比，输出差异值及政策红利结论。

生成结果如下。

计算结果分析

一、所得税调整计算

　　1. 利润总额（2024年）：21 012万元

　　2. 原税率25%：所得税费用5253万元→净利润15 759万元

　　3. 高新税率15%：所得税费用21 012×15%＝3151.8万元→净利润21 012－3151.8＝17 860.2万元

二、指标对比

　　1. 净利润增幅：17 860.2－15 759＝2101.2（万元）（增幅13.3%）

2. 净资产收益率（ROE）

· 原 ROE：15 759 / 80 000 ≈ 19.70%

· 高新 ROE：17 860.2 / 80 000 ≈ 22.33%

· ROE 增幅：2.63 个百分点（相对增幅 13.4%）

三、政策红利结论

1. 高新技术认证直接降低所得税率 10%，使净利润增加 13.3%，ROE 提升 2.63 个百分点。

2. 政策红利绝对值达 2101.2 万元，显著提升企业盈利能力和股东回报率，建议优先争取认证。

四、差异值表格

指标	原税率25%	高新税率15%	差异值	增幅比例
净利润/万元	15 759	17 860.2	2101.2	13.3%
ROE	19.70%	22.33%	2.63pp	13.4%

06

第六章

产业革命:DeepSeek赋能千行百业

第一节 第一产业智能跃迁：DeepSeek 重塑农业与资源开发

一、DeepSeek 赋能第一产业智能跃迁

DeepSeek 的核心理论基础源于深度学习和人工智能领域的前沿研究，特别是神经网络与多模态理解技术的发展。其理论体系包括自然语言处理、计算机视觉和数据挖掘等关键技术，这些技术为第一产业的智能化转型提供了坚实的理论支撑。此外，DeepSeek 通过结合多模态数据处理能力，能够有效整合文本、图像等多种信息形式，从而提升决策支持的精准性和效率。DeepSeek 的技术支撑主要体现在以下几个方面。

- **深度学习算法**：基于多层神经网络的深度学习算法，能够自动提取特征并优化模型，从而实现高

效的数据分析和处理。

- **大规模模型**：DeepSeek 开发的大模型（如 DeepSeek-V3）在自然语言处理、代码生成和多模态理解等任务中表现出色，为第一产业提供了强大的技术支持。

- **高性能计算平台**：通过高性能推理中心和 MoE 架构，DeepSeek 能够在保证高效利用计算资源的同时，满足不同场景下的推理需求。

- **开放 API 与合作生态**：DeepSeek 通过开放 API 和友好的基础设施，与开发者、研究人员和合作伙伴共同应对现实挑战，推动第一产业的智能化转型。

DeepSeek 的应用原理主要围绕对海量数据的深度分析和精准提取展开。

- **数据整合与分析**：通过整合第一产业中的各类数据（如农业传感器数据、市场交易数据等），DeepSeek 能够快速提取有价值的信息，并为决策提供支持。

- **自动化决策支持**：利用自然语言处理和计算机视觉技术，DeepSeek 能够自动化地解析复杂信息并生成决策建议，从而提高农业生产的效率和精准度。
- **智能化工具开发**：DeepSeek 通过开发易于使用的工具和模型，使第一产业从业者能够轻松接入 AI 技术，从而实现智能化转型。

DeepSeek 为第一产业的智能跃迁提供了全面的支持，推动了农业、畜牧业等领域的数字化和智能化发展。

二、相关案例分析

下面将介绍一些 AI 技术赋能第一产业的应用案例，这些案例可以为 DeepSeek 在第一产业的应用提供战略参考。

（一）约翰迪尔

1. 公司简介

约翰迪尔（John Deere）是一家全球领先的农业机械制造商和农业技术公司，成立于 1837 年。其产品和服务涵盖从拖拉机、收割机到精准农业解决方案等多个领域。近年来，约翰迪尔通过整合人工智能技术，推动农业现代化，致力于提高农业生产效率和可持续性。

2.应用背景与需求分析

随着全球人口增长和气候变化，农业生产面临巨大挑战，包括资源短缺、作物病虫害以及环境压力等。传统农业模式已难以满足日益增长的粮食需求，亟须通过技术创新提升生产效率和可持续性。约翰迪尔通过引入AI技术，旨在解决这些问题，同时满足农民对精准农业和高效生产的迫切需求。

3.AI的应用实践

约翰迪尔在其"FarmForward 2.0"项目中，利用AI技术优化农业生产流程。具体实践包括以下几个方面。

- **精准农业**：通过AI分析土壤条件、气候数据和作物生长情况，为农民提供定制化的种植建议，优化施肥和灌溉方案。
- **病虫害监测**：利用图像识别技术实时监测作物病虫害迹象，及时采取防治措施，减少化学农药使用。
- **自动化机械**：开发无人驾驶拖拉机和收割机，结合传感器和GPS技术，实现自动化播种、施肥和收割，提高生产效率。
- **数据分析与决策支持**：通过AI驱动的数据分析平台，为农民提供市场预测、天气分析和土壤健康报告，帮助其做出更明智的决策。

4. AI 的应用效果

约翰迪尔的 AI 应用显著提升了农业生产效率和可持续性。

- **提高产量**：通过精准施肥和灌溉，作物产量提高。
- **降低成本**：自动化机械减少了人工成本，同时减少了化学农药的使用，降低了生产成本。
- **环境保护**：AI 优化的灌溉系统减少了水资源浪费，同时减少了土壤板结问题。
- **决策支持**：数据分析平台帮助农民更好地应对气候变化和市场波动，提高了决策的科学性和准确性。

5. 案例经验总结

约翰迪尔的 AI 应用案例表明，AI 技术在农业领域的成功实施需要注意以下几点。

- **数据质量和准确性**：高质量的数据是 AI 应用的基础，需确保数据来源可靠且实时。
- **技术与农业需求的结合**：AI 技术需与农业生产实

际需求紧密结合，避免过度依赖技术而忽视农民的实际操作能力。
- **农民培训与接受度**：农民对新技术的接受程度直接影响 AI 应用的效果，需加强培训和技术推广。
- **政策支持与合作**：政府和社会各界应积极支持 AI 在农业中的应用，推动技术创新与政策协同。

约翰迪尔通过 AI 技术的应用，不仅提升了农业生产效率和可持续性，还为全球农业现代化提供了宝贵经验。未来，随着 AI 技术的进一步发展，其在农业领域的应用前景将更加广阔。

（二）佳沃集团

1. 公司简介

佳沃集团是一家专注于农业领域的创新型公司，致力于通过科技手段提升农业生产效率和产品质量。近年来，佳沃集团在云南红河地区开展了一项蓝莓种植的 AI 应用项目，旨在通过人工智能技术优化种植流程，提高产量和经济效益。

2. 应用背景与需求分析

蓝莓作为一种高附加值的水果，对种植环境和管理要求极高。传统种植方式面临劳动成本高、病虫害防治难度大、产量不稳定等问题。为解决这些问题，佳沃集团希望通过引入 AI 技术，实现精准种植和智能化管理，从而提高蓝莓的种植效率和品质。

3. AI 的应用实践

- **土壤与气候数据分析**：通过 AI 技术分析红河地区的土壤成分、气候条件及蓝莓生长模式，为蓝莓种植提供科学依据。
- **病虫害监测与防治**：利用图像识别技术实时监测蓝莓生长过程中的病虫害迹象，并通过数据分析快速给出防治建议，减少化学农药的使用。
- **灌溉系统优化**：根据蓝莓的需水量和土壤湿度情况，AI 系统自动调整灌溉计划，避免水资源浪费和土壤板结。
- **智能采摘机器人**：引入 AI 驱动的采摘机器人，提高采摘效率，减少人工成本。

4. AI 的应用效果

- **产量提升**：通过精准种植和智能化管理，蓝莓的平均产量得以提高。
- **成本降低**：化学农药使用量减少，人工成本降低。
- **品质改善**：病虫害得到有效控制，果实品质显著提升，市场竞争力增强。

5. 案例经验总结

- **技术与农业深度融合**：AI技术在农业中的应用需要结合实际需求进行定制化开发，确保技术能够真正解决农业生产中的痛点。
- **数据准确性的重要性**：高质量的数据是AI应用的基础，需加强对土壤、气候等数据的采集和分析能力。
- **农民培训与接受度**：推广AI技术时需注重农民的培训和教育，提高其对新技术的接受度和使用能力。
- **政策支持与行业合作**：政府应加大对农业AI技术的支持力度。同时，鼓励企业与科研机构合作，共同推动农业现代化发展。

佳沃集团在蓝莓种植中的AI应用案例展示了AI技术在农业领域的巨大潜力，为其他农业企业提供了宝贵的经验和启示。

（三）大北农集团

1. 公司简介

大北农集团是中国领先的农业科技企业之一，专注于种业、饲料、养殖和农业服务等领域。公司致力于通过科技创新推动农业现代化，提升农业生产效率和产品质量。近年来，大北农积极引入AI技术，探索智能农业解决方案，以应对传统农业面临的资源浪费、生产效率低下等问题。

2. 应用背景与需求分析

随着全球人口增长和气候变化，农业生产面临巨大挑战。传统农业依赖经验种植，易受天气、病虫害等因素影响，导致资源浪费和产量不稳定。此外，劳动力短缺和生产成本上升也限制了农业的可持续发展。因此，大北农迫切需要通过AI技术优化农业生产流程，提高资源利用率和作物产量，同时降低生产成本和环境影响。

3. AI的应用实践

- **智能种植管理：** 大北农利用AI技术分析土壤和气象数据，预测作物生长情况和病虫害风险。通过大数据分析和机器学习算法，AI系统为农民提供精准种植建议，减少农药和化肥的使用，提高作物产量和质量。

- **智能农机设备**：公司研发了基于AI的智能农机设备，如自动驾驶拖拉机、无人机喷洒系统和智能收割机。这些设备能够实现自动化播种、施肥、喷洒农药和收割等任务，显著提高生产效率和作业精度。

- **病虫害监测与管理**：利用无人机和传感器技术，AI系统实时监测农田中的作物状况和病虫害问题。通过图像识别和模式分析，AI能够快速识别病虫害并提供针对性的防治措施，减少农药使用量，保护生态环境。

- **数据分析与决策支持**：大北农建立了农业数据平台，整合气象、土壤、作物生长等多源数据。AI技术对这些数据进行深度分析，为农民提供科学决策支持，包括种植策略优化、产量预测和市场分析。

4. AI的应用效果

- **提高生产效率**：AI技术的应用使农业生产更加高效。例如，智能农机设备的使用减少了人工成本，提高了作业速度和精度。根据研究，AI驱动的农业机械可以提升生产效率。

- **降低资源浪费**：通过精准种植和病虫害管理，AI技术显著减少了农药和化肥的使用量，降低了生产成本。同时，优化灌溉系统减少了水资源浪费。

- **提升作物产量与质量**：AI技术的应用使作物产量得以提高，同时提升了农产品的质量和市场竞争力。

- **增强可持续性**：AI技术在减少化学投入、优化资源利用和保护生态环境方面发挥了重要作用，推动了农业的绿色可持续发展。

5. 案例经验总结

- **数据驱动的重要性**：AI技术的成功应用离不开高质量的数据支持。大北农通过建立全面的数据平台，确保了数据的准确性和完整性，为AI模型的训练和优化提供了坚实基础。

- **从小规模试点到全面推广**：在推广AI技术时，大北农采取了从小规模试点到全面推广的策略，逐步积累经验并解决技术难题。这种分阶段实施的方式降低了风险并提高了成功率。

- **技术与农业实践的结合**：AI 技术的成功应用需要与传统农业实践相结合。大北农通过培训农民和技术人员，确保他们能够熟练使用 AI 工具，并理解其背后的科学原理。
- **持续创新与学习**：面对 AI 技术的快速发展，大北农始终保持开放的心态，不断学习和引入新技术。同时，公司注重技术创新，开发适合中国农业特点的 AI 解决方案。

大北农通过引入 AI 技术，不仅提升了农业生产效率和产品质量，还推动了农业的绿色可持续发展。这一案例为其他农业企业提供了宝贵的经验和启示。

第二节　第二产业效率革命：DeepSeek 驱动制造业与工业升级

一、DeepSeek 赋能第二产业效率革命

DeepSeek 的核心理论基础是深度学习和机器学习，通

过构建大规模预训练模型，模拟人脑处理信息的方式，实现对复杂任务的高效处理。其技术优势在于利用大数据分析和模型训练，优化算法性能，从而在自然语言处理、图像识别、代码生成等多模态理解任务中展现出卓越性能。此外，DeepSeek 通过模块化设计和高效资源利用，降低了 AI 开发的成本和技术门槛，使其能够被更广泛的行业和企业所接受。

DeepSeek 的技术支撑主要体现在以下几个方面。

- **算法优化**：通过深度学习技术，DeepSeek 能够从海量的数据中提取有价值的信息，并快速响应用户需求。
- **模型架构**：通过分布式计算和高效训练流程，提升了模型的可扩展性和性能。
- **成本效益**：DeepSeek 以开源的形式提供高性能的 AI 模型，降低了中小型企业的使用门槛，同时保持了与顶尖 AI 系统的竞争力。
- **智能化监控与优化**：在智能制造领域，DeepSeek 通过传感器数据采集和物联网技术，实现对制造过程的实时监控与优化。

DeepSeek 的应用原理基于其强大的数据处理能力和模型预测能力。

- **数据驱动**：通过深度学习技术，DeepSeek 能够从海量数据中学习模式和规律，为用户提供精准的预测和决策支持。
- **多模态融合**：结合自然语言处理、计算机视觉等技术，DeepSeek 能够在文本、图片等多种数据类型之间实现高效的信息提取和整合。
- **智能化决策**：在工业制造等领域，DeepSeek 通过实时数据分析和模型预测，优化生产流程，提高效率和降低成本。
- **用户体验提升**：通过开发智能客服、办公助手等应用，DeepSeek 显著提升了用户的工作效率和体验。

DeepSeek 为第二产业的效率革命提供了坚实的理论和技术支撑，并通过智能化监控、多模态融合和实时数据分析等应用原理，推动了制造业等行业的智能化转型。

二、相关案例分析

下面介绍一些 AI 赋能第二产业的应用案例，这些案例可以为 DeepSeek 在第二产业的应用提供战略参考。

（一）海尔集团

1. 公司简介

海尔集团是中国领先的家电制造企业，成立于 1984 年，总部位于青岛。作为全球知名的智能制造企业，海尔集团通过技术创新和数字化转型，致力于提升生产效率、优化产品质量并推动产业升级。海尔的智能制造模式被广泛研究和借鉴，其 AI 技术的应用在行业内具有代表性。

2. 应用背景与需求分析

随着工业 4.0 的推进和人工智能技术的快速发展，制造业面临诸多挑战，包括生产效率低下、产品质量不稳定、运营成本上升以及劳动力短缺等问题。海尔集团希望通过引入 AI 技术，解决这些问题，提升生产效率和产品质量，同时降低运营成本和碳排放。此外，消费者对个性化产品的需求日益增长，海尔需要通过 AI 技术实现更高效的产品设计和定制化生产。

3. AI 的应用实践

- **智能设计与产品开发**：海尔利用 AI 技术进行智能设计，通过机器学习和虚拟仿真技术优化产品设计流程。例如，AI 算法能够根据市场需求和用户反馈生成创新设计方案，并通过虚拟仿真验证其可行性。
- **生产自动化与质量控制**：在生产线上，海尔引入了基于 AI 的自动化设备和传感器，实时监测生产过程中的数据，及时发现并纠正质量问题。AI 技术的应用显著降低了次品率，提高了生产效率。
- **预测性维护**：海尔通过 AI 技术对设备运行数据进行分析，预测潜在故障并提前进行维护，从而减少设备停机时间，降低维护成本。
- **供应链优化**：AI 技术被用于优化供应链管理，通过分析市场需求和库存数据，海尔能够更精准地预测原材料需求，减少库存积压和运输成本。

4. AI 的应用效果

- **生产效率提升**：通过 AI 技术的应用，海尔的生产线吞吐量提高,生产效率显著提升。

- **产品质量改善**:次品率降低,客户满意度显著提高。
- **运营成本降低**:通过预测性维护和供应链优化,海尔每年节省了约 10% 的运营成本。
- **创新能力增强**:AI 技术的应用使海尔能够快速响应市场变化,推出更多符合消费者需求的个性化产品。

5. 案例经验总结

- **技术与业务深度融合**:海尔的成功经验表明,AI 技术的应用只有与企业的具体业务场景紧密结合,才能发挥最大效益。
- **持续的技术创新与迭代**:制造业的 AI 应用是一个持续的过程,企业需要不断探索新技术并进行迭代优化。
- **人才培养与团队协作**:AI 技术的应用离不开高素质的技术团队,企业需要注重人才培养和团队协作。

- **注重数据安全与隐私保护**：在引入 AI 技术时，企业应重视数据安全和隐私保护，确保技术应用的合规性。

海尔集团通过 AI 技术的应用，在智能制造领域取得了显著成效，为其他制造业企业提供了宝贵的经验和参考。

（二）南方电网

1. 公司简介

南方电网是中国领先的电力企业之一，致力于提供安全、可靠、高效的电力供应。作为中国电力行业的龙头企业，南方电网在技术创新和数字化转型方面处于领先地位，特别是在人工智能技术的应用上取得了显著成果。

2. 应用背景与需求分析

随着新能源的快速发展，电力系统的复杂性不断增加，对调度优化、发电功率预测、负荷管理等方面提出了更高的要求。南方电网通过举办"第四届电力调度 AI 应用大赛"，展示了其在 AI 技术应用上的探索与实践。AI 技术的引入旨在提升电力系统的智能化水平，优化资源配置，提高清洁能源消纳率，并降低运营成本。

3. AI 的应用实践

- **电力调度优化**：通过 AI 技术，南方电网实现了电力调度时间由分钟级缩短到秒级，显著提升了电力调度的效率和准确性。

- **发电功率预测**：利用 AI 算法分析历史数据，南方电网能够更精准地预测新能源发电功率，从而实现"削峰填谷"，优化能源配置。

- **智能监测与巡检**：AI 技术被应用于电力设备的实时监测和故障诊断，降低了设备故障的发生概率，提高了维护效率。

- **负荷预测与管理**：通过 AI 模型分析用户用电行为和电网负荷数据，南方电网能够更有效地进行负荷预测和管理，确保电网的稳定运行。

4. AI 的应用效果

- **清洁能源消纳率提升**：通过 AI 技术的应用，南方电网的清洁能源消纳率达到了 99%，显著提高了新能源的利用率。

- **运营效率提升**：AI技术的应用使电力调度的时间从分钟级缩短到秒级，大幅提升了调度效率。
- **成本降低**：通过优化资源配置和减少设备故障，南方电网的运营成本得到了有效控制。
- **客户体验改善**：AI技术的应用还提升了客户服务的便捷性和安全性，例如通过智能语音助手提供免提指导。

5. 案例经验总结

- **技术选择与布局**：南方电网在AI技术的选择上注重结合实际需求，优先选择适合电力行业的技术方案。
- **数据驱动决策**：通过大数据分析和AI算法，南方电网能够更精准地进行决策支持，提升运营效率。
- **人才培养与合作**：南方电网注重培养AI相关人才，并与高校和研究机构合作，推动技术创新。
- **持续优化与迭代**：AI技术的应用是一个持续优化的过程，南方电网通过不断迭代改进，确保技术始终处于行业前沿。

南方电网通过 AI 技术的应用，在电力调度、发电功率预测、设备监测等方面取得了显著成效，为电力行业的智能化转型提供了宝贵经验。

（三）广联达

1. 公司简介

广联达科技股份有限公司是一家专注于建筑行业数字化转型的领先企业，致力于通过人工智能技术推动建筑行业的智能化发展。近年来，公司推出了建筑行业大模型 AecGPT，并构建了 AI 技术体系，包括 AI 大模型层、工具平台层和产品应用层，为建筑行业的多个细分领域提供智能化解决方案。

2. 应用背景与需求分析

建筑行业长期以来面临效率低下、成本高昂和资源浪费等问题。随着 5G、物联网等新技术的普及，AI 技术的应用成为促进建筑行业数字化转型的重要手段。广联达通过 AI 技术优化建筑设计、施工管理和运营管理，旨在提高工作效率、降低成本并推动绿色化、智能化发展。此外，AI 技术在建筑行业的应用还包括自动化处理重复性工作、基于数据洞察的决策分析以及生成专业内容等。

3. AI 的应用实践

- **建筑设计优化**：广联达利用 AI 技术对建筑设计进行深度学习分析，生成符合设计要求和性能指标的优化设计方案。例如，在某大型商业综合体项目中，AI 技术通过分析大量建筑图像和数据，为设计师提供了创意灵感和设计建议，显著提高了设计效率和质量。

- **施工进度优化**：AI 工具被应用于 P6 项目管理软件中，通过分析任务时间、资源分配和依赖关系，识别潜在的进度风险点并提供预警。同时，AI 能够根据项目进度和资源需求动态调整资源分配，确保各任务获得足够的支持。

- **智能监控与安全管理**：在施工过程中，AI 技术通过实时监控和预警功能，帮助监理人员和安全人员发现安全隐患和违规行为，从而提高施工安全水平。

4. AI 的应用效果

- **效率提升**：AI 技术的应用显著提高了建筑设计和施工管理的效率。例如，在某商业综合体项目中，

AI 技术缩短了设计周期，并减少了人为错误。

- **成本降低**：通过优化资源分配和减少浪费，AI 技术帮助项目节省了成本。
- **质量改进**：AI 技术的应用提高了施工质量和项目管理水平，减少了工期延误和返工现象。
- **可持续发展**：AI 技术在节能管理和运营维护中的应用，有效降低了能源消耗和运营成本，推动了建筑行业的绿色化发展。

5. 案例经验总结

- **技术与业务结合的重要性**：AI 技术的成功应用需要深入理解建筑行业的业务流程，并将其与实际需求紧密结合。
- **数据质量和完整性**：AI 技术的效果依赖于高质量的数据输入，因此需要确保数据的准确性和完整性。
- **持续优化与学习**：AI 系统需要不断学习和优化，以适应复杂多变的建筑行业环境。
- **政策支持与行业合作**：政府和社会应加强对 AI 技术的支持和规范，促进建筑行业的可持续发展。

广联达将 AI 技术应用于建筑设计、施工管理和运营管理，不仅提升了效率和质量，还推动了建筑行业的智能化转型。未来，随着技术的进一步发展，AI 将在建筑行业中发挥更大的作用，助力建筑行业实现更高效、更绿色的发展目标。

第三节　第三产业创新升级：DeepSeek引领服务业数字化未来

一、DeepSeek 赋能第三产业创新升级

DeepSeek 基于深度学习、自然语言处理、计算机视觉等前沿人工智能技术，构建了强大的模型和算法体系。这些技术的结合使其能够处理复杂的数据类型（如文本、图片等），并提供高效的搜索和分析解决方案。此外，DeepSeek 的底层模型不断迭代更新，增强了自主学习与应变能力，满足现代社会对信息检索的需求。其技术优势还体现在大模型的训练机制和多模态理解能力上，为人工智能技术的发展提供了新思路和新方法。

DeepSeek 的技术支撑主要体现在以下几个方面。

- **高性能计算能力**：DeepSeek-R1模型在深度思考、推理能力和处理速度上具有显著优势，推动了AI技术的普惠化。
- **开源技术路线**：通过开放API接口和开发者社区，DeepSeek鼓励第三方开发者基于其技术框架进行二次开发，形成丰富的应用生态。
- **数据处理能力**：DeepSeek能够对海量数据进行实时分析和清洗，为企业提供精准的数据模型和决策支持。
- **多模态理解**：DeepSeek在自然语言处理、代码生成和多模态理解等任务中展现出卓越性能，为行业创新提供了技术支持。

DeepSeek的应用原理基于其强大的数据抓取、分析和生成能力。通过整合文本、图片等多种数据类型，DeepSeek能够快速提取关键信息并生成动态图表和趋势分析，帮助企业做出更科学的决策。其技术还支持自动化决策过程，优化资源配置，提升行业效率。例如，在金融领域，DeepSeek能够实时分析市场数据，辅助企业和个人进行投资决策；在制造业中，通过预测性维护减少设备故障，降低运维成本。

DeepSeek 为第三产业的创新升级提供了坚实的理论和技术支撑，推动了行业的智能化转型和效率提升。

二、相关案例分析

下面将介绍一些 AI 赋能第三产业的应用案例，这些案例可以为 DeepSeek 在第三产业的应用提供战略参考。

（一）三菱 UFJ 金融集团

1. 公司简介

三菱 UFJ 金融集团（MUFG）是全球领先的金融服务公司之一，业务涵盖银行、证券、保险、资产管理等多个领域。其总部位于日本东京，通过与三菱银行的合作，致力于推动金融创新和技术应用，以提升服务效率和客户体验。

2. 应用背景与需求分析

随着金融科技的快速发展，MUFG 面临着如何提升运营效率、优化客户服务以及增强风险管理能力的挑战。特别是在客户服务领域，传统的人工服务模式已无法满足日益增长的客户需求，亟须通过技术创新来实现智能化和个性化服务。此外，金融行业对合规性和风险管理的要求也日益严格，需要借助 AI 技术提升自动化水平和精准度。

3. AI 的应用实践

MUFG 在 AI 技术的应用上采取了多方面的措施。

- **客户服务自动化**：通过自然语言处理技术，开发智能客服系统，能够实时响应客户需求，提供账户查询、交易支持等服务。
- **个性化金融建议**：利用机器学习算法分析客户财务状况，提供定制化的投资建议和风险管理方案。
- **文档生成与系统开发**：利用生成式 AI 技术，自动化生成内部报告、客户提案书等文档，同时优化系统开发流程。
- **风险管理和合规监控**：通过大数据分析和机器学习算法，实时监控交易模式，识别潜在风险并确保符合监管要求。

4. AI 的应用效果

MUFG 的 AI 应用取得了显著成效。

- **客户服务效率提升**：智能客服系统的引入大幅减

少了人工客服的工作量，客户满意度显著提高。
- **风险管理能力增强**：AI技术的应用使得风险预测的准确性和及时性大幅提升，有效降低了潜在损失。
- **运营成本降低**：通过自动化文档生成和系统开发，MUFG显著减少了人力成本和时间成本。
- **客户体验优化**：个性化金融建议和智能化服务提升了客户的整体体验，增强了客户黏性。

5. 案例经验总结

MUFG的AI应用实践表明，AI技术在金融行业的广泛应用具有以下几点经验。

- **技术与业务深度融合**：AI技术的成功应用需要与具体业务场景紧密结合，才能发挥最大效能。
- **数据驱动的决策支持**：高质量的数据是AI技术的基础，需确保数据的准确性和完整性。
- **持续的技术创新**：AI技术日新月异，金融机构需不断探索新技术以保持竞争优势。
- **合规与伦理并重**：在应用AI技术时，需严格遵守相关法律法规，确保技术的透明性和可解释性。

MUFG 通过 AI 技术的应用,在客户服务、风险管理、运营效率等方面取得了显著成效,为金融行业的数字化转型提供了宝贵经验。

(二)好未来

1. 公司简介

好未来(TAL Education Group)是一家中国领先的教育科技公司,成立于 2003 年,总部位于北京。公司业务涵盖 K12 课外辅导、国际课程、素质教育、在线教育等多个领域,致力于通过科技手段提升教育质量和效率。近年来,好未来积极布局人工智能技术,成立了 AI 实验室,专注于机器学习、自然语言处理等领域的研究,以推动教育行业的智能化转型。

2. 应用背景与需求分析

随着互联网经济的发展和 AI 技术的普及,传统教育行业面临个性化和高效化的需求。好未来认识到,传统教育模式难以满足学生多样化和动态化的学习需求,因此亟须通过 AI 技术实现教学内容的个性化推荐、学习过程的智能化管理以及教师工作的自动化辅助。此外,AI 技术的应用还能够帮助教育机构优化资源配置,提高运营效率,从而在激烈的市场竞争中保持领先地位。

3. AI 的应用实践

- **个性化学习系统**：好未来通过 AI 技术分析学生的学习数据，识别其学习习惯和能力水平，为每位学生提供定制化的学习方案。例如，AI 系统能够根据学生的学习进度动态调整难度，提供针对性的练习和反馈。
- **智能辅导系统**：利用自然语言处理技术，开发了虚拟助教和聊天机器人，帮助学生完成作业、解答疑问，并提供即时反馈。
- **教学内容优化**：AI 技术分析学生的学习偏好和表现数据，生成个性化的学习内容推荐，帮助学生更高效地掌握知识。
- **教师助手**：AI 系统自动批改作业、管理课堂纪律，并为教师提供教学建议，减轻教师的工作负担。

4. AI 的应用效果

- **学生学习效果提升**：通过个性化学习方案，学生的平均成绩提高，学习兴趣和参与度显著增强。
- **教学效率提高**：AI系统的应用减轻了教师的工作负担，使课堂管理更加高效。
- **运营成本降低**：智能化管理降低了好未来的运营成本，同时提升了资源利用率。
- **品牌竞争力增强**：AI技术的应用提升了好未来的市场竞争力，吸引了更多家长和学生的关注。

5.案例经验总结

- **技术与教育深度融合**：AI技术的成功应用离不开对用户需求的精准把握。好未来通过深入研究教育场景，将AI技术与教学实践有机结合，实现了技术与教育的深度融合。
- **持续创新与迭代**：AI技术的应用需要不断优化和迭代。好未来通过持续的技术研发和实践探索，不断完善AI系统的功能和性能。
- **注重数据安全与隐私保护**：在AI技术的应用过程中，好未来严格遵守数据安全法规，确保学生数据的安全和隐私保护。

- **推动行业变革**：好未来通过AI技术的应用，不仅提升了自身的竞争力，还为整个教育行业提供了可借鉴的经验，推动了行业的智能化转型。

好未来通过AI技术的应用，成功实现了个性化教学、智能化管理和效率提升，为传统教育行业注入了新的活力。这一案例为其他教育机构提供了宝贵的经验和启示。

（三）云迹科技

1. 公司简介

云迹科技是一家专注于人工智能技术在酒店行业应用的公司，致力于通过AI技术推动酒店行业的智慧化转型。其产品和服务包括智能语音客服、机器人UP、酒店管理系统等，旨在提升客户体验、优化运营效率并降低成本。

2. 应用背景与需求分析

随着旅游业的快速发展，酒店行业面临激烈的市场竞争和客户需求多样化的问题。传统酒店在客户服务、运营效率和成本控制等方面面临诸多挑战。例如，客户对个性化服务的需求日益增长，而酒店需要更加高效地管理资源，以便应对日益复杂的运营环境。此外，酒店行业还面临着如何提升客户满意度和忠诚度的压力。因此，云迹科技通过 AI 技术为酒店提供智能化解决方案，以满足这些需求。

3. AI 的应用实践

- **智能语音客服**：云迹科技开发了智能语音客服系统，能够 24 小时在线提供服务，解答客户问题并处理预订、退房等事务，显著提升了客户满意度。
- **机器人 UP**：机器人 UP 具备 360° 视觉感知能力，能够完成送物、清扫、消杀等工作，覆盖酒店全场景。其高效的服务响应能力和稳定性帮助酒店实现无人化运营。
- **酒店管理系统**：云迹科技的 HDOS 系统整合了酒店智能硬件和客控系统，能够根据住客需求实现智能化响应，并通过数据分析优化运营成本。

4. AI 的应用效果

- **提升客户体验**：通过智能语音客服和机器人 UP，客户能够获得更快速、便捷的服务，显著提升了客户满意度和忠诚度。

- **优化运营效率**：机器人 UP 的高效服务减少了人力成本，同时通过数据分析优化了酒店的资源配置和能源利用。
- **降低成本**：AI 技术的应用减少了人工干预，降低了运营成本，提高了酒店的整体经济效益。

5. 案例经验总结

- **AI 技术并非万能**：AI 技术需要根据具体场景进行定制化设计，不能一概而论。酒店管理者应结合自身需求选择合适的 AI 解决方案。
- **数据安全与隐私保护**：在使用 AI 技术时，必须确保客户数据的安全和隐私保护，避免法律和伦理问题。
- **持续创新与迭代**：AI 技术的应用是一个持续优化的过程，酒店需要不断调整和改进 AI 系统以适应市场变化。

云迹科技通过 AI 技术为酒店行业提供了智能化解决方案，显著提升了客户体验和运营效率，同时也为酒店行业的未来发展提供了新的方向。

（四）晶泰科技

1. 公司简介

晶泰科技是一家专注于人工智能在药物研发领域应用的高科技企业，成立于 2015 年。公司以智能化、自动化驱动为核心，致力于通过量子物理与 AI 技术解决药物研发中的关键问题，如分子设计、靶点识别和药物筛选等。晶泰科技通过自研平台和与全球药企合作，为客户提供一体化的药物研发解决方案，涵盖从靶点发现到临床前潜在候选化合物（Preclinical Candidate Compounds，PCC）的全流程服务。

2. 应用背景与需求分析

晶泰科技的成立背景缘于传统药物研发效率低下、成本高昂的问题。传统方法依赖于大量的实验和试错，耗时长且成功率低。随着 AI 技术的发展，晶泰科技通过整合云端超算、大数据分析和机器学习算法，开发出一系列创新平台，如 XtalFolio™ 和 XcelaMol™，以提高药物研发的速度和成功率。

晶泰科技的主要客户需求包括以下几个方面。

- **缩短研发周期**：传统药物研发周期长达十年以上，而晶泰科技通过 AI 技术将这一周期缩短至数年。
- **提高研发成功率**：AI 辅助药物分子设计的成功率显著高于传统方法，临床试验的成功率也从传统行业的平均水平提升至 80%~90%。
- **降低研发成本**：AI 技术减少了分子筛选和测试的时间及资源消耗。

3. AI 的应用实践

晶泰科技在 AI 药物研发中的实践主要体现在以下几个方面。

- **分子设计与优化**：利用深度学习技术对分子结构进行分析和优化，显著提高了新药发现的速度和成功率。
- **靶点识别与验证**：通过 AI 算法对生物数据进行挖掘，快速识别潜在的药物靶点，并进行验证。
- **湿实验与干实验结合**：晶泰科技建立了量子物理干实验室与湿实验室紧密结合的研发流程，通过 AI 预测实验结果并指导实验操作，进一步提升研发效率。

- **跨领域应用**：晶泰科技还将AI技术应用于锂电材料等领域，展现了其技术的广泛适用性。

4. AI 的应用效果

晶泰科技的 AI 技术在药物研发中取得了显著成效。

- **研发效率提升**：通过 AI 技术，晶泰科技将药物研发周期从十年以上缩短至数年，并显著提高了研发成功率。
- **成本降低**：AI 技术减少了分子筛选和测试的时间及资源消耗，降低了研发成本。
- **市场认可**：晶泰科技已与辉瑞、礼来等全球药企建立合作关系，并获得红杉资本等知名投资方的支持。
- **技术突破**：晶泰科技在蛋白结构预测、癌症风险预测模型等领域取得了重要突破，展现了 AI 技术在生物医药领域的广泛应用潜力。

5. 案例经验总结

晶泰科技的 AI 药物研发案例为行业提供了以下经验。

- **技术创新是核心**：晶泰科技通过自主研发的核心技术平台（如 XtalFolio™）实现了药物研发的突破，体现了技术创新的重要性。
- **产学研结合**：晶泰科技通过与全球药企的合作，验证了 AI 技术的实际应用效果，并推动了该技术的商业化落地。
- **政策支持与区域优势**：晶泰科技得益于粤港澳大湾区的政策红利和中国香港科研机构的支持，进一步巩固了其在 AI 制药领域的领先地位。
- **持续创新与挑战**：尽管晶泰科技在 AI 制药领域取得了显著成果，但仍需面对行业竞争加剧、数据不足等挑战，需不断创新以保持领先地位。

晶泰科技通过 AI 技术在药物研发中的应用，不仅显著提升了研发效率和成功率，还为行业树立了标杆。未来，随着技术的进一步发展和市场需求的增加，晶泰科技有望在 AI 制药领域取得更大的突破。

战略篇

DeepSeek

第七章

DeepSeek 助力企业 AI 战略转型

第一节　从"互联网+"到"DeepSeek+"：所有生意值得再做一遍

一、DeepSeek的颠覆性：AI的"Wi-Fi时刻"到来

互联网发展初期，拨号上网费用高昂，网络速度缓慢，这极大地限制了互联网的普及和应用。直到 Wi-Fi 技术的广泛应用，网络接入成本大幅降低，互联网才真正实现了从精英走向大众的跨越。这种成本的骤降，引发了一场波澜壮阔的商业革命。电商平台如雨后春笋般涌现，它们凭借互联网的便捷性和低成本，打破了传统百货公司的地域限制和高昂运营成本的壁垒。曾经占据商业主导地位的百货公司，在电商的冲击下，市场份额不断被蚕食。电商通过在线展示商

品、便捷的支付系统和高效的物流配送,为消费者提供了前所未有的购物体验,彻底改变了人们的购物方式,也重新定义了商业的运作模式。

如今,DeepSeek 横空出世,恰似当年 Wi-Fi 对互联网的影响,使人工智能的应用成本大幅下降。以往,企业想要涉足人工智能领域,往往需要投入巨额资金用于研发和技术采购,不仅要支付极高的薪酬成本来组建专业的 AI 研发团队,还需要购买昂贵的计算设备和软件授权。这使许多企业,尤其是中小型企业,对人工智能望而却步。然而,DeepSeek 作为一款强大的开源人工智能模型,以其免费且高效的特性,为企业打开了一扇通往人工智能世界的大门。它操作简便,即使是技术基础相对薄弱的企业,也能快速上手。它的运算速度极快,能够快速响应用户需求,大大提高了企业的生产效率。这一特性,使企业在拥抱人工智能时,无须再为高昂的成本和复杂的技术难题而担忧,真正实现了人工智能从高不可攀到触手可及的转变。

在这样的背景下,所有生意都值得在"DeepSeek+"的模式下重新审视和运作。那些能够敏锐捕捉到这一趋势,积极将 DeepSeek 等 AI 技术融入自身业务的企业,将成为新时代的受益者。例如,在客户服务领域,企业可以利用 DeepSeek

构建智能客服系统。它能够快速理解客户的问题，并给出准确、及时的回答，极大地提高了客户服务的效率和质量。无论是解答常见的产品咨询，还是处理复杂的售后问题，智能客服都能 24 小时不间断工作，为客户提供无缝的服务体验。这不仅降低了企业的人力成本，还能通过数据分析客户的问题和需求，为企业的产品改进和营销策略制定提供有力支持。在生产制造领域，企业可以借助 DeepSeek 的数据分析和预测能力，实现生产流程的优化。通过对生产数据的实时监测和分析，提前预测设备故障，合理安排生产计划，提高生产效率，降低次品率。在市场营销方面，DeepSeek 可以帮助企业精准分析消费者的行为和偏好，制定个性化的营销策略，提高营销效果，降低营销成本。

反之，那些对这一趋势视而不见，依然坚守传统商业模式的企业，将面临被时代淘汰的风险。就如同当年未能及时转型的传统百货公司，在电商的冲击下陷入困境。如果企业不能利用 AI 技术提高自身的竞争力，在成本控制、客户服务、产品创新等方面将逐渐落后于竞争对手。在市场竞争日益激烈的今天，客户对产品和服务的要求越来越高，企业若不能及时满足客户的需求，就会失去客户的信任和支持。而且，随着消费者对智能化体验的需求不断增长，不具备人工智能应用能力的企业,将难以吸引新一代消费者,市场份额将不断被压缩。

从"互联网+"到"DeepSeek+",时代的变革为企业带来了新的机遇和挑战。企业家们必须深刻认识到AI技术对企业发展的重要性,积极拥抱AI,完成战略转型。只有这样,企业才能在激烈的市场竞争中立于不败之地,在新的商业浪潮中乘风破浪,实现可持续发展。在这个充满变革的时代,"主动变革者生,故步自封者亡"。企业唯有顺应时代潮流,积极利用新技术重塑自身业务,才能在"DeepSeek+"的新时代创造新的辉煌。

二、谁是受益者?谁会被革命?

"互联网+"时代的到来,让众多传统企业意识到互联网技术与传统产业结合的巨大潜力。电商平台的崛起,彻底颠覆了传统百货公司的商业模式;在线旅游平台的出现,改变了人们出行的预订习惯;移动支付的普及,重塑了金融行业的支付生态。这些变革的核心在于互联网技术的连接性,它打破了信息不对称,降低了交易成本,提高了运营效率。然而,DeepSeek所代表的生成式AI技术,其影响力远不止于此。它不仅能够连接信息，更能够生成全新的内容、优化决策流程、提升用户体验。从"互联网+"到"DeepSeek+"，商业逻辑从单纯的信息连接升级为智能驱动的创新与优化。企业通过DeepSeek，可以实现产品设计的智能化、客户服务的个性化、市场营销的精准化以及运营管理的自动化。例如，服装企业可以利用DeepSeek生成虚拟试衣模型，为消费者提供更直观的购物体验；制造业企业可以通过AI优化生产流程，降低次品率；金融机构可以利用生成式AI进行风险评估和投资决策。这种全方位的智能化升级，将为企业带来前所未有的竞争优势。

在DeepSeek及生成式AI技术的浪潮下，受益者无疑是那些能够敏锐捕捉机遇、积极拥抱变革的企业。这些企业将通过AI技术实现业务的转型升级，提高生产效率、降低成本、提升客户满意度，从而在市场竞争中脱颖而出。例如，一些小型的创意工作室，借助DeepSeek的生成式设计功能，能够快速产出高质量的设计作品，与大型设计公司竞争；传统制造业企业通过AI优化供应链管理，能够更好地应对市场波动，提升企业的抗风险能力。然而，那些故步自封、拒绝变革的企业，将不可避免地被这场技术革命所淘汰。就像当年那些未能及时适应互联网变革的传统百货公司，最终在电商的冲击下走向衰落。在 AI 时代，企业如果不能及时将 AI 融入业务中，将面临产品和服务被替代、市场份额被蚕食、客户流失等风险。例如，一些传统的客服中心，如果不能利用 AI 实现智能化客服，将无法满足客户对快速响应和精准解答的需求，从而失去客户信任。

生态位替代危机正悄然降临到诸多行业。曾经在信息检索领域占据统治地位的搜索引擎，长期以来以传统的"10 条蓝色链接"模式为用户提供信息。用户输入关键词后，搜索引擎返回一系列相关网页链接，用户需要逐一点击筛选，才能找到自己所需的信息。然而，ChatGPT 的出现彻底打破了这一传统模式。它能够直接理解用户的问题，并以简洁明了的语言给出精准答案，大大节省了用户的时间和精力。这种高效的信息获取方式，使用户对传统搜索引擎的依赖度大幅下降。面对这一严峻挑战，谷歌这位搜索引擎领域的巨头，也被迫转向 AI 优先战略，全力投入 AI 技术的研发和应用中，以应对来自 ChatGPT 等新兴 AI 产品的竞争。若谷歌未能及时做出战略调整，坚守传统搜索模式，很可能在这场生态位竞争中被淘汰，失去其在搜索引擎市场的领先地位。

在生成式 AI 技术引发的这场效率革命中，企业犹如逆水行舟，不进则退。那些对 AI 技术持观望态度，未能积极进行战略转型的公司，正逐渐被效率黑洞所吞噬。它们在成本控制、用户体验提升以及市场竞争力塑造等方面，与积极拥抱 AI 的企业之间的差距越来越大。唯有敏锐洞察技术发展趋势，迅速将 AI 技术融入自身业务流程，不断创新商业模式，提升运营效率，企业才能在这场激烈的变革浪潮中站稳脚跟，实现可持续发展。否则，等待它们的将是被时代淘汰的命运，消失在历史的长河之中。

三、企业战略行动清单：要么重构，要么消失

DeepSeek 及生成式 AI 技术的浪潮已经汹涌而来，它将深刻改变商业世界的运行规则。企业家们必须认识到，从"互联网+"到"DeepSeek+"，所有生意都值得重新审视与重塑。DeepSeek 的出现，使得拥抱 AI 的成本大幅降低，为企业提供了前所未有的机遇。企业只有积极拥抱 AI，实现战略转型，才能在市场竞争中立于不败之地。

1. 提升竞争力

在市场竞争日益激烈的今天，企业需要不断提升自身的竞争力才能立于不败之地。DeepSeek 及生成式 AI 技术为企业提供了强大的工具，能够帮助企业优化业务流程、提高生

产效率、降低成本、提升产品质量和服务水平。通过AI技术，企业可以实现智能化生产、个性化定制、精准营销等，从而更好地满足客户需求，提升客户满意度和忠诚度。例如，通过AI驱动的生产系统，企业可以实时监控生产过程，及时发现并解决生产中的问题，提高生产效率和产品质量；利用AI算法进行市场分析和客户画像，企业可以制定更加精准的营销策略，提高营销效果和客户转化率。

2. 适应市场变化

市场环境是不断变化的，消费者的需求也在不断升级。DeepSeek及生成式AI技术能够帮助企业更好地适应市场变化，快速响应客户需求。通过AI技术，企业可以实时收集和分析市场数据，了解消费者需求的变化趋势，从而及时调整产品和服务策略。例如，通过AI驱动的市场调研工具，企业可以快速收集消费者的意见和建议，了解消费者对产品的满意度和改进建议；利用AI算法进行产品设计和创新，企业可以快速推出符合市场需求的新产品，满足消费者不断变化的需求。

3. 创新商业模式

DeepSeek及生成式AI技术为企业提供了创新商业模式的可能性。企业可以通过AI技术实现业务的多元化和创新化，开拓新的市场和业务领域。例如，一些传统制造业企业可以通过AI技术实现智能化转型，从单纯的产品制造商转变为提供智能化解决方案的服务商；一些零售企业可以通过AI技术实现线上线下融合，打造全新的购物体验。通过创新商业模式，企业可以突破传统业务的局限，拓展新的市场空间，实现可持续发展。

4.提升企业决策效率

企业决策的效率和准确性对于企业的生存和发展至关重要。DeepSeek及生成式AI技术能够为企业提供强大的数据分析和决策支持功能，帮助企业快速做出科学合理的决策。通过AI技术，企业可以对海量的数据进行快速分析和处理，提取有价值的信息，为决策提供依据。例如，通过AI驱动的财务分析工具，企业可以快速分析财务数据，了解企业的财务状况和经营风险；利用AI算法进行市场预测和风险评估，企业可以提前制定应对策略，降低决策风险。

5.培养企业创新能力

在AI时代，企业的创新能力是其核心竞争力之一。DeepSeek及生成式AI技术能够为企业提供丰富的创新资源和工具，激发企业的创新活力。通过AI技术，企业可以与全球的创新资源进行连接和协作，获取最新的技术和信息；

利用 AI 算法进行创意生成和创新设计，企业可以快速产生新的想法和解决方案。通过培养企业的创新能力，企业可以在市场竞争中保持领先地位，实现可持续发展。

被微软收购时，时任诺基亚 CEO 说了一句很经典的话："我们并没有做错什么，但不知为什么，我们输了。"而今天，拒绝转型的企业不是输给竞争对手，而是输给时代。

所有生意都值得用 AI 重做一遍。这一次，成本归零的不是"连接"，而是"智能"本身。

第二节　企业各职能部门 AI 战略转型

在生成式 AI 技术的浪潮下，企业各职能部门面临着前所未有的机遇与挑战。DeepSeek 等先进 AI 技术的出现，不仅降低了企业拥抱 AI 的成本，更推动了从"互联网＋"到"DeepSeek+"的转型浪潮。企业要想在激烈的市场竞争中脱颖而出，就必须积极拥抱 AI，实现各职能部门的战略转型。本节将从研发、生产、营销、客户运营、人力资源、财务、法务、供应链等核心职能出发，结合真实案例，拆解企业如何通过 AI 实现"人效革命"，并构建不可替代的竞争优势。

第七章　DeepSeek 助力企业 AI 战略转型

一、研发与生产：AI 让"小团队"干出"大产值"

AI 技术在研发领域的应用显著提升了小团队的灵活性和创新能力。根据《2024 年智慧芽全球科技企业调研之生成式 AI 赋能研发创新调研简报》，中国的小规模研发团队（人员规模小于 100 人）更容易将生成式 AI 应用于研发任务中。这些小团队利用 AI 技术快速迭代产品设计、优化研发流程，并通过自动化工具减少重复性工作，从而专注于创新和突破。例如，在游戏开发领域，小团队通过 AI 技术大幅降低了开发成本，同时保持了与大厂竞争的产出效率。

AI 在生产领域的应用也极大地提高了小团队的生产力。AI 技术能够优化生产流程、提高产品质量、减少库存成本，并通过预测性维护减少停机时间。[1] 例如，在小型制造业中，生成式 AI 被用于产品设计和原型制作，帮助团队快速生成多种设计方案并进行迭代。此外，AI 驱动的库存管理优化了需求预测，避免了过剩或缺货的情况。这些技术的应用不仅提升了生产效率，还降低了运营成本，使小团队能够在激烈

---

[1] Rapp, K.(2022). Artificial Intelligence in Manufacturing: Real World Success Stories and Lessons Learned, https://www.nist.gov/blogs/manufacturing-innovation-blog/artificial-intelligence-manufacturing-real-world-success-stories.

的市场竞争中占据一席之地。

AI还为小团队带来了商业上的成功。许多初创公司通过利用AI技术实现了从零到亿级收入的突破。例如，一些AI初创公司通过高效的小团队模式，仅用几个月时间就完成了数十亿美元的业务增长。这些公司通常专注于盈利而非短期用户增长，同时招聘高影响力员工以推动业务。此外，AI驱动的分析工具还能帮助小团队更好地理解市场趋势和客户需求，从而制定更精准的营销策略。[1]

然而，尽管AI为小团队带来了诸多机遇，但其成功应用并非没有挑战。首先，小团队需要确保拥有合适的人才组合，包括领导、业务、IT和技术专家。其次，选择适合AI解决的问题至关重要，因为并非所有任务都适合自动化。最后，试点项目是探索AI应用的有效方式，这有助于逐步扩展到更大范围的应用。

AI技术正在重塑研发与生产的格局，使小团队能够以更低的成本、更高的效率实现更大的商业价值。无论是通过加速产品开发、优化生产流程，还是提升决策能力，AI都为小团队提供了前所未有的机遇。未来，随着AI技术的进一步

---

[1] ICSB.(2024). Global Micro-, Small and Medium-Sized Enterprises Report, https://www.un.org/sites/un2.un.org/files/globalmsmesreport2024.pdf.

发展，小团队有望在全球市场中发挥更大的作用。

二、营销与客户运营：从"人力投放"到"AI 精准爆破"

人工智能正在深刻改变营销和客户运营的格局。从传统的"人力投放"模式，到如今的"AI 精准爆破"，企业正借助 AI 技术实现个性化营销、提升客户体验并优化运营效率。

在传统营销中，企业依赖人工分析用户数据，制定营销策略，但这种方式效率低下且容易出错。例如，营销人员需要手动筛选目标用户群体，分析消费者行为，这不仅耗时耗力，还可能因主观判断失误而错失机会。而 AI 技术的引入彻底改变了这一局面。通过机器学习和深度学习算法，AI 可以快速处理海量数据，精准识别潜在客户并预测其需求，从而实现千人千面的个性化营销。

AI 驱动的智能投放系统能够根据用户的浏览习惯、购买历史和反馈效果，动态调整广告策略，确保每次投放都能达到最大 ROI（Return on Investment，投资回报率）。这种精准性不仅降低了宣传成本，还显著提高了广告投资回报率。

AI 技术在客户运营中的应用同样不可小觑。通过自动化工具和平台，企业可以实现客户数据的实时采集与分析，优化客户生命周期管理，减少客户流失。例如，AI可以根据客户偏好定制个性化推荐内容，并通过智能客户关系管理系统建立更紧密的连接，从而增强客户黏性。

AI还可以通过生成式AI技术激发创意，辅助营销团队设计更具吸引力的个性化营销策略。这种创新不仅提升了用户体验，还为企业带来了更高的市场竞争力。

营销自动化是AI技术在营销领域的核心应用之一。通过自动化工具，企业可以实现从客户洞察到精准推送的全流程管理。例如，在广告投放环节，AI可以根据消费者行为预测其购买倾向，并自动调整广告策略。此外，AI还能通过分析不同渠道的效果，实时优化预算分配，从而提高整体营销ROI。

从"人力投放"到"AI精准爆破"，AI技术正在重塑营销与客户运营的未来。企业应积极拥抱这一变革，充分利用AI技术的优势，提升营销效能，实现可持续发展。

三、人力资源与组织管理：从"人海战术"到"AI员工"

在现代企业管理中，AI技术的崛起正在深刻改变人力资源与组织管理的格局。从传统的"人海战术"到如今的"AI员工",这一变革不仅体现了技术进步,也反映了企业对效率、创新和可持续发展的追求。

在传统模式下,人力资源管理依赖大量人力进行招聘、培训、绩效评估等工作。然而,这种模式效率低下且容易受到主观因素的影响。AI 技术的引入彻底改变了这一局面。通过大数据分析和机器学习,AI 能够快速筛选简历、预测候选人表现,并提供个性化的培训和发展建议。例如,智能算法可以分析员工数据,优化招聘流程,提高招聘的精准度和效率。

AI 还能够通过实时绩效跟踪和风险预警机制,帮助企业更好地管理员工表现,减少负面影响。这种智能化管理不仅提高了人力资源部门的工作效率,还释放了员工的时间,从而使他们能够专注于更高价值的任务。

AI 技术在人才管理中的应用范围广泛,包括招聘、培训、薪酬管理和员工关系管理等多个方面。例如,在招聘环节,AI 可以通过智能简历筛选和面试助手等方式提高筛选效率,并通过预测性分析帮助 HR 更准确地评估候选人。此外,AI 还可以通过生成式 AI 技术为员工提供个性化的学习计划和职业发展路径,从而提升员工的技能水平和职业满意度。

AI面试已经成为企业招聘的重要趋势，尤其在秋招等关键招聘季节，越来越多的企业开始使用AI面试系统来筛选候选人。这种形式的面试通过虚拟人物与文字界面进行，求职者需要回答一系列问题，AI系统会根据回答内容生成评估报告，并决定求职者是否进入下一轮面试环节。AI面试的优势在于其高效性、低成本和无接触性，能够快速处理大量数据，减少HR的工作量，同时克服传统面试中可能存在的偏见问题。然而，AI面试也引发了求职者的广泛讨论和分享。在小红书等社交平台上，求职者们纷纷分享自己的AI面试经历，包括如何应对面试中的问题、如何优化回答逻辑以及如何在镜头前"推销"自己。这些面试经验不仅帮助其他求职者了解AI面试的流程和挑战，也反映了求职者对这种新兴面试方式的适应与探索。

在薪酬管理方面，AI能够基于内外部市场数据进行智能化计算，确保薪酬公平性和竞争力。而在员工关系管理中，AI可以通过情感分析和健康监测工具，及时发现并解决员工的心理问题，从而提升员工的工作满意度和忠诚度。

尽管AI技术在人力资源管理中展现出巨大潜力，但其本质是作为工具而非替代品。人机协同是未来人力资源发展的核心理念之一。AI可以处理重复性任务，释放人力资源工作人员的时间和精力，而人类则专注于需要创造力、情感和判断力的工作。这种协同模式不仅提高了工作效率，还增强了员工的参与感和归属感。同时，AI的应用也带来了新的挑战。例如，如何确保员工的心理安全感以及如何平衡技术与人性之间的关系。因此，在推进AI转型的过程中，企业需要坚持以人为本的原则，注重员工的技能发展和心理支持。

从"人海战术"到"AI员工"，人力资源管理正在经历一场深刻的革命。AI技术不仅提高了HR工作的效率和精准度，还推动了组织结构和管理模式的变革。然而，在享受AI带来的便利的同时，企业也需要关注员工的心理安全和技术伦理问题。未来，人机协同将成为人力资源发展的关键模式，而AI也将成为企业实现智能化管理和高效运营的重要工具。

四、财务、法务与供应链：AI让"后台部门"变成"战略中心"

AI技术的快速发展正在深刻改变企业的运营模式，尤其是传统被视为"后台部门"的财务、法务和供应链领域。

这些部门正通过AI技术从基础性支持角色转变为企业的核心战略中心，为企业的数字化转型和竞争力提升提供重要支撑。

在财务领域，AI技术的应用已经从简单的自动化扩展到深度的战略分析。传统的财务工作主要集中在账务处理、报表生成等重复性任务上，而AI的引入使这些任务得以高效完成，同时释放了财务人员的时间，使他们能够专注于更具战略意义的工作。例如，AI可以通过预测分析帮助企业优化现金流管理、成本控制和预算规划，从而提升企业的财务决策能力。此外，AI还能通过实时监控和异常检测功能，提高财务合规性和安全性。

随着AI技术的进一步发展，首席财务官（CFO）的角色也在发生重大变化。AI不仅提升了财务数据的准确性和时效性，还赋予CFO更多战略洞察力。例如，通过AI驱动的成本分析和盈利预测，CFO可以更好地支持企业战略规划，并在风险管理中发挥关键作用。AI技术的应用还使财务部门能够主动参与企业战略制定，成为推动企业增长和创新的重要力量。

在法务领域，AI技术同样展现出强大的变革潜力。传统的法务工作依赖人工审查合同条款、管理法律风险等，但这

第七章 DeepSeek 助力企业 AI 战略转型

些任务耗时且容易出错。AI 技术的引入不仅大幅提高了法务工作的效率，还显著提升了合规性和决策质量。例如，法大大公司推出的 AI 智能体 iTerms Pro 能够实现条款识别、合同审核和风险预警等功能，大幅缩短了法务人员的工作时间，并提高了工作效率。①

AI 技术还为法务部门提供了更精准的法律建议和风险评估能力。通过自然语言处理和大数据分析，AI 可以快速识别潜在的法律风险并提出解决方案，从而帮助企业更好地应对复杂的法律环境。这种智能化的法务服务不仅提升了企业的运营效率，还增强了其在市场中的竞争力。

供应链管理是企业运营的重要组成部分，而 AI 技术的应用正在彻底改变这一领域的运作模式。传统供应链管理依赖人工操作和经验判断，效率低下且容易出错。AI 技术通过自动化和智能化手段，显著提升了供应链的透明度和灵活性。例如，AI 可以优化库存管理、物流规划和风险预警，帮助企业实现供应链的可视化和高效运作。

AI 还可以通过实时数据分析和预测模型，帮助企业提前

---

① 智胜 AI 新战场，法大大顶级法务私享会上海首站火爆收官！［Z/OL］.（2025-04-15）［2025-04-17］. https://finance.sina.cn/2025-04-15/detail-inetfhry8016170.d.html.

识别供应链中的潜在问题并采取应对措施。这种智能化的供应链管理不仅提高了企业的运营效率，还增强了其对市场变化的适应能力。

AI技术的广泛应用正在推动财务、法务和供应链等传统后台部门向战略中心转型。通过自动化和智能化手段，这些部门不仅提高了工作效率和准确性，还增强了企业的战略决策能力和市场竞争力。未来，随着AI技术的进一步发展，这些后台部门将继续在企业数字化转型中发挥关键作用，成为推动企业持续增长的核心力量。

五、转型关键：避开"AI落地三大坑"

在当前AI技术快速发展的背景下，企业纷纷尝试通过AI技术实现业务转型和升级。然而，AI落地并非易事，许多企业在实践中遇到了诸多问题。根据多方研究和实践经验，企业在AI落地过程中常陷入以下三大"坑"：认知陷阱、数据孤岛和技能断层。

（一）认知陷阱：缺乏场景思维

许多企业对AI的期望过高，将其视为"万能药"，忽视了AI技术的实际适用场景。根据福布斯调研，74%的企业AI战略未能落地，[①]主要原因在于缺乏场景思维，未能将AI技术与具体业务场景结合。此外，企业往往盲目追求技术指标，而忽视了业务痛点，导致AI技术成为"孤岛"，难以真正融入企业运营。

针对这一问题，企业应从"小切口"入手，选择易于落地的场景进行尝试。例如，可以先利用AI技术完成简单的任务，如自动生成周报等，然后逐步扩展到更核心的业务领域。这种循序渐进的方式有助于企业逐步积累经验，降低风险，同时提升员工对AI的认知度和接受度。

（二）数据孤岛：系统割裂阻碍整合

根据Salesforce调研，60%的企业因系统割裂无法实现数据整合，导致AI技术难以发挥其应有的价值。[②]企业内部的系统割裂，使数据无法流通，阻碍了AI技术的全面应用。

为了解决数据孤岛问题，企业可以选择轻量级的API工

---

① 参考自https://www.forbes.com/sites/meganpoinski/2024/08/08/74-of-early-ai-adopters-already-have-roi/。

② 参考自https://www.salesforce.com/news/stories/generative-ai-for-marketing-research/。

具,如DeepSeek,以减少系统集成的复杂性。这种方式不仅降低了开发成本,还提高了数据整合效率。此外,企业应避免自建模型,而是通过外部工具快速实现业务需求,从而缩短AI落地的时间。

(三)技能断层:员工缺乏AI能力

57%的企业因缺乏AI知识而阻碍企业用好AI技术,[1]这反映了企业在人才培养和技能提升方面的不足。AI技术的落地需要员工具备一定的技术能力和业务理解能力,但目前许多企业在这方面存在明显短板。

为了解决技能断层问题,企业可以采取强制性措施,例如要求管理层完成AI认知培训,从而带动整体团队的AI能力提升,打造标杆团队。此外,企业还应注重培养内部复合型人才,加强技术人员与业务人员的协作,以确保AI技术能够真正落地并创造价值。

---

[1] R. Grünbichler, A. Sitter, T. Fenzl. Application Potentials and Knowledge Acquisition: Artificial intelligence in industrial companies' controlling departments. In 13th International Conference on Industrial Engineering and Operations Management: IEOM Manila Conference 2023 (pp. 379–385). IEOM Society International.

第三节 企业 AI 转型案例：从"人效焦虑"到"AI 领跑"

越来越多的企业开始意识到 AI 在推动业务创新和提升竞争力方面的重要作用。然而，对于许多企业来说，如何有效地整合 AI 技术，实现业务流程的优化和战略转型，仍然是一个巨大的挑战。本节将详细探讨未可知人工智能研究院如何帮助一家金融企业成功地完成 AI 战略转型的过程。通过这个案例，我们将展示 AI 技术在金融企业中的应用潜力，以及如何通过系统的方法论实现企业的数字化转型。

一、案例背景

本案例中的客户是一家位于华东地区的中型金融服务公司，主要提供财富管理和投资咨询服务。随着金融市场的快速发展和客户需求的日益多样化，该公司面临着激烈的市场竞争和不断变化的监管环境。公司管理层逐渐意识到，如果不采取行动，利用新技术提升服务效率和风险管理能力，公司将难以维持其市场地位。在一次商学院的高管 AI 战略课程中，公司高管接触到了未可知人工智能研究院，并决定寻求专业的 AI 转型指导。

二、转型过程

（一）第一阶段：现场调研与基础培训

1. 现场调研

未可知人工智能研究院首先对该金融企业进行了全面的现场调研，包括管理层访谈和实地考察。调研团队由数据科学家、AI 专家和金融行业顾问组成，他们深入企业的各个部门，从投资管理部门到风险控制部门，从客户服务部门到合规部门，进行了细致的观察和分析。

（1）调研准备

在进行现场调研之前，未可知人工智能研究院的团队进行了周密的准备工作，包括了解该金融企业的基本信息、业务范围、市场定位以及面临的主要挑战。此外，未可知人工智能研究院还研究了金融行业的最新趋势、法规变化以及技术革新，以确保调研的全面性和前瞻性。

（2）调研实施

调研团队由具有丰富经验的数据科学家、AI 专家和金融行业顾问组成,他们具备跨学科的知识和技能,能够从多个角度分析问题。在调研过程中,团队采用了多种方法,包括但不限于以下几个方面。

- **管理层访谈**:与企业高层管理人员进行深入交流,了解他们的视角和对企业未来发展的规划。
- **部门会议**:与各个部门的负责人和员工进行会议,收集他们对现有工作流程的看法和改进建议。
- **现场观察**:直接观察企业的日常运营,包括投资决策、风险管理和客户服务等关键环节。
- **数据分析**:分析企业现有的数据资源,包括交易数据、客户数据、市场数据等,以识别潜在的改进机会。

(3) 调研发现

通过细致的观察和分析,调研团队发现该金融企业在以下几个方面存在显著的效率瓶颈。

- **投资决策**:投资决策过程高度依赖于分析师的个人经验和判断,这不仅效率低下,而且容易受到主观因素的影响。此外，决策过程涉及大量的数据分析和市场研究，需要耗费大量的时间和人力资源。

- **风险管理**：风险评估和管理主要依赖于传统的统计方法，这些方法在处理复杂和动态的市场变化时显得力不从心。企业需要更先进的工具和方法来实时监控和管理风险，以应对金融市场的快速变化。

- **客户服务**：客户服务流程烦琐，从客户咨询到问题解决往往需要经过多个环节，导致响应时间长，客户体验不佳。此外，客户服务的个性化和精准度也有待提高，以满足不同客户的需求。

调研结束后，未可知人工智能研究院的团队整理了一份详细的调研报告，其中包括对该金融企业当前状况的分析、存在的问题以及改进建议。报告指出，该金融企业需要通过引入 AI 技术来优化投资决策、风险管理和客户服务等关键业务流程，以提高效率、降低成本并提升客户满意度。

基于调研结果，未可知人工智能研究院与该金融企业共同制订了 AI 战略转型的初步计划，包括为员工提供 AI 基础培训、组织 AI 战略工作坊以及部署本地化的 AI 解决方案。通过这些措施，该金融企业希望能够实现业务流程的自动化和智能化，从而在激烈的市场竞争中保持领先地位。

2. 基础培训

针对调研结果，未可知人工智能研究院为该企业定制了一套基础 AI 培训课程，重点是培训员工使用市面上的免费 AI 软件。培训内容涵盖了数据分析、机器学习和自动化工具的使用。为确保培训效果，未可知人工智能研究院不仅关注技能传授，还根据培训内容调整和优化了工作流程及团队分工。

（1）培训需求分析

在设计培训课程之前，未可知人工智能研究院首先对该金融企业的员工进行了培训需求分析。通过问卷调查、一对一访谈和小组讨论，未可知人工智能研究院收集了员工对于 AI 技术的认知水平、学习意愿以及在工作中遇到的具体问题。这一步骤至关重要，因为它有助于确保培训内容与员工的实际需求相匹配，从而提高培训的针对性和有效性。

（2）培训课程设计

基于需求分析的结果，未可知人工智能研究院为该企业定制了一套基础 AI 培训课程。课程内容不仅包括数据分析、机器学习和自动化工具的使用，还涵盖AI在金融行业的应用案例和最佳实践。课程设计遵循由浅入深的原则，从基础概念入手，逐步过渡到高级应用，确保员工能够逐步建立起对AI技术的全面理解。

（3）培训实施

培训通过线上和线下相结合的方式进行，以适应不同员工的学习习惯和时间安排。线上部分主要包括视频教程、互动练习和在线测试，而线下部分则包括面对面的讲座、工作坊和小组讨论。为了提高培训的互动性和趣味性，未可知人工智能研究院还引入了游戏化学习元素，如积分系统和竞赛活动。

（4）技能传授与工作流程优化

在技能传授的同时，未可知人工智能研究院还与该金融企业合作，根据培训内容调整和优化了工作流程及团队分工。例如，通过引入自动化工具，原本需要3个人完成的数据分析任务现在只需1个人就能完成。这一变化不仅提高了工作效率，还释放了人力资源，使其能够专注于更有价值的工作，如投资策略研究和客户关系管理等。

（5）人力资源重新分配

节省下来的人力资源被重新分配到关键业务领域，以支持企业的长期发展。例如，一些员工被调到新的项目组，负责开发基于 AI 的投资分析工具；另一些员工则参与客户服务改进项目，利用 AI 技术提升客户体验。通过这种方式，该企业不仅提高了现有业务的效率，还为未来的创新和发展奠定了基础。

(6) 培训效果评估

为确保培训效果，未可知人工智能研究院建立了一套完善的评估体系。评估内容包括员工的技能掌握情况、工作流程的改进效果以及团队整体工作效率的提升。通过定期的评估和反馈，未可知人工智能研究院能够及时调整培训内容和方法，确保培训目标的实现。

(7) 持续学习与支持

培训结束后，未可知人工智能研究院还为该金融企业提供了持续的学习支持，包括在线学习资源、技术论坛和专家咨询。这些资源和支持帮助员工在实际工作中不断巩固和应用所学知识，同时也为企业的持续创新和改进提供了动力。

通过一系列基础 AI 培训，该金融企业的员工不仅掌握了新的技能，而且还对 AI 技术有了更深入的理解。这不仅提高了员工的工作满意度，也为该企业的创新和发展提供了人才保障。更重要的是，通过优化工作流程和团队分工，该企业实现了人力资源的合理配置,从而提高了团队的整体工作效率和企业的竞争力。

(二)第二阶段:AI战略工作坊

1. 工作坊的组织

在员工通过基础AI培训掌握了必要的技能后,该企业对AI的应用有了更深层次的需求。为了满足这些需求并推动该企业向更高级别的AI应用发展,未可知人工智能研究院精心策划并实施了分业务部门的AI战略工作坊。这些工作坊旨在为每个业务部门定制AI转型的方向和战略目标,确保AI技术能够精准地服务于企业的核心业务需求。

(1)需求分析

工作坊的第一步是进行深入的需求分析。未可知人工智能研究院的专家团队与该金融企业的各部门负责人进行了一系列的会议和访谈,以确保全面理解每个部门的业务流程、面临的挑战以及对AI技术的期望。这些讨论不仅涉及当前的业务需求,还包括对未来市场趋势的预测和对潜在增长机会的探讨。需求分析的结果为后续的技术展示和战略规划提供了坚实的基础。

(2) 技术展示

在明确了各部门的需求之后,未可知人工智能研究院进行了一系列的技术展示,包括最新的 AI 技术,如自然语言处理、计算机视觉、预测分析等,以及这些技术在金融行业的具体应用案例。通过这些展示,管理层能够直观地理解 AI 技术的潜力和可能的应用场景,从而激发他们对 AI 应用的创新思考。

(3) 战略规划

基于需求分析和技术展示,未可知人工智能研究院与各部门共同制订了 AI 应用的战略规划,包括短期目标,比如提高特定业务流程的自动化水平,以及长期愿景,比如利用 AI 技术实现全面的业务创新和市场领导。在战略规划过程中,未可知人工智能研究院的专家团队提供了专业的指导和建议,帮助各部门确保其 AI 战略与企业的总体目标和愿景保持一致。

(4) 行动计划

最后,工作坊制订了详细的行动计划,包括项目实施的时间表、所需资源的分配以及预期的成果。在行动计划的制订过程中,未可知人工智能研究院与该企业紧密合作,确保计划的可行性和有效性。此外,行动计划还包括对潜在风险的评估和面对潜在风险时的应对策略，以及对项目成功的评估标准和方法。

AI战略工作坊是该金融企业AI转型过程中的关键一步。通过这些工作坊，该企业不仅能够明确AI应用的方向和目标，还能够制订具体的行动计划，为其数字化转型和智能化升级奠定坚实的基础。未可知人工智能研究院通过这些工作坊，展示了其在推动企业AI转型方面的专业能力和丰富经验。

2. 工作坊的成果

通过工作坊，未可知人工智能研究院的专家与该企业的管理层和员工进行了深入的交流和讨论，共同确定了该企业在智能投资顾问、风险预测、客户服务自动化等方面的AI应用潜力，并制订了详细的计划。工作坊不仅加深了双方的了解，也为后续的AI战略实施奠定了坚实的基础。

（1）智能投资顾问

在工作坊期间，未可知人工智能研究院的专家与该金融企业的管理层和投资顾问团队进行了深入的讨论。通过分析当前的投资流程和客户需求，未可知人工智能研究院与该企业确定了利用AI技术提升投资顾问服务的潜力。AI可以通过分析大量的市场数据、客户交易历史和行为模式，为投资顾问提供更加精准的投资建议和策略。此外，AI还可以通过自然语言处理技术，理解和回应客户的查询，提供个性化的投资建议。

实施计划包括开发一个基于机器学习的智能投资顾问平台。该平台能够自动分析市场趋势，为客户提供实时的投资建议。同时，平台还将包括一个用户友好的界面，使客户能够轻松地访问和理解投资信息。

（2）风险预测

风险管理是金融行业的核心环节。在工作坊中，未可知人工智能研究院与该企业探讨了如何利用AI技术提高风险预测的准确性和效率。AI可以通过分析历史数据和实时市场信息，识别潜在的风险因素，并预测它们对投资组合的影响。这不仅可以帮助企业及时调整投资策略，还可以在一定程度上避免或减轻潜在的损失。

实施计划涉及建立一个风险预测模型，该模型能够整合多种数据源，包括宏观经济指标、市场情绪、交易数据等，以提供全面的风险评估。此外，模型还将具备自我学习能力，能够随着时间的推移不断提高预测的准确性。

（3）客户服务自动化

客户服务是提升客户满意度和忠诚度的关键。在工作坊中，未可知人工智能研究院与该企业讨论了如何通过自动化技术改善客户服务体验。AI可以通过聊天机器人、语音识别和自然语言处理技术，提供24/7的客户支持，快速响应客户的查询和需求。

实施计划包括开发一个智能客户服务平台，该平台能够自动处理常见的客户查询，如账户信息、交易状态等。对于更复杂的问题，平台可以将客户引导至人工客服，确保客户得到及时和专业的帮助。

(4) 实施计划的制订

在确定了AI应用的潜力后，未可知人工智能研究院与该企业共同制订了详细的计划。这些计划包括以下几个方面。

- **技术选型**：根据业务需求和现有技术基础，选择合适的AI技术和工具。
- **项目时间表**：明确项目的关键里程碑和完成时间，确保项目按时推进。
- **资源配置**：确定项目所需的人力、技术和财务资源，并进行合理分配。
- **风险管理**：识别项目实施过程中可能遇到的风险，并制定相应的应对策略。

- **评估和优化**：建立项目评估体系，定期评估项目进展和成果，根据评估结果进行调整和优化。

（5）后续 AI 战略实施的基础

通过工作坊的深入交流和讨论，未可知人工智能研究院的专家与该企业的管理层和员工之间建立了更紧密的合作关系。双方对彼此的需求、期望和能力有了更深入的了解，这为后续的 AI 战略实施奠定了坚实的基础。

（6）资源的有效利用

工作坊的成果不仅明确了 AI 应用的方向和目标，还为后续的 AI 战略实施提供了具体的行动指南。这些成果帮助企业明确了 AI 项目的重点和优先级，确保资源得到最有效的利用。

（三）第三阶段：本地化 AI 解决方案部署

1. 解决方案的定制

在成功完成 AI 战略工作坊并明确了该金融企业的转型方向之后，未可知人工智能研究院进入了关键的实施阶段——本地化 AI 解决方案的部署。这一阶段的目标是将 AI 技术深度整合到该企业的运营中，以实现业务流程的自动化、智能化，并最终达到提升效率和竞争力的目的。

(1) 定制机器学习模型

未可知人工智能研究院的技术团队首先根据该金融企业的具体需求，开发了一系列定制的机器学习模型。这些模型被用来处理和分析金融数据，如市场趋势、客户行为、交易模式等，以支持更精准的投资决策、风险评估和客户服务。

- **投资决策支持模型**：利用历史和实时市场数据训练模型，预测股票、债券等金融产品的表现，为投资顾问提供决策支持。
- **风险评估模型**：通过分析交易数据和市场动态，识别潜在风险，评估投资组合的风险水平，帮助企业及时调整策略。
- **客户行为预测模型**：分析客户的历史交易和互动数据，预测客户需求和行为，为个性化服务提供依据。

(2) 自动化控制系统

为了提高该金融企业运营的自动化水平，未可知人工智能研究院部署了自动化控制系统，这些系统能够自动执行一系列预订的业务流程,如交易执行、账户管理、报告生成等。

- **交易自动化**:自动执行基于预设规则的交易,减少人为错误,提高交易速度和准确性。
- **账户管理自动化**:自动监控账户活动,执行合规检查,确保账户安全。
- **报告自动化**:自动收集和分析数据,生成各种业务报告,为管理层提供决策支持。

(3) 智能决策支持系统

智能决策支持系统是本地化 AI 解决方案的核心,它整合了上述机器学习模型和自动化控制系统,为该金融企业提供了一个全面的决策支持平台。

- **数据整合**:整合来自不同业务系统的数据,提供统一的数据视图。
- **分析工具**:提供一系列分析工具,帮助企业深入理解数据,发现业务洞察。
- **决策建议**:基于数据分析结果,提供决策建议,支持企业的战略规划和运营决策。

2. 解决方案的实施与集成

(1) 实施计划

未可知人工智能研究院与该金融企业共同制订了详细的实施计划，包括技术部署的时间表、资源分配、人员培训和测试计划。实施计划确保了解决方案的顺利部署和快速集成。

(2) 系统集成

为了确保新部署的 AI 解决方案能够与该企业现有的 IT 系统无缝集成，未可知人工智能研究院的技术团队进行了精心的系统设计和集成工作，包括数据接口的开发、系统兼容性测试和性能优化。

(3) 用户培训

为了让该金融企业的员工能够有效地使用新的 AI 解决方案，未可知人工智能研究院提供了全面的用户培训。培训内容包括系统操作、数据分析方法和决策工具的使用。

3. 解决方案的评估与优化

(1) 性能评估

在解决方案部署完成后，未可知人工智能研究院对系统的性能进行了全面的评估，包括系统的准确性、响应速度、稳定性和用户满意度。

(2) 持续优化

基于评估结果，未可知人工智能研究院与该金融企业合作，对 AI 解决方案进行持续的优化，包括模型的迭代更新、系统的升级和新功能的添加。

通过部署本地化 AI 解决方案，未可知人工智能研究院帮助该企业实现了业务流程的自动化和智能化，显著提升了该企业的运营效率和决策质量。这些解决方案不仅满足了该企业当前的业务需求，还为未来的技术升级和业务扩展提供了坚实的基础。随着 AI 技术的不断进步和应用的深入，该金融企业将在数字化转型的道路上走得更远，实现更高效、更智能的金融服务。

三、经验总结：AI 战略转型的关键要素

（一）管理层的支持与参与

AI 战略转型的成功离不开管理层的支持与参与。在本案例中，该金融企业高管不仅参与了 AI 战略课程，还在整个转型过程中提供了持续的支持和资源。管理层的积极参与为 AI 项目的实施提供了必要的推动力，确保了项目能够顺利进行。

（二）员工的培训与发展

员工是企业最宝贵的资产，也是 AI 转型成功的关键。通过系统的培训，员工不仅掌握了新的技能，还对 AI 技术有了更深入的理解。这不仅提高了员工的工作满意度，也为企业的创新和发展提供了人才保障。

（三）跨部门的协作

AI 战略转型是一个系统工程，需要各个部门的协作和配合。在本案例中，未可知人工智能研究院与该金融企业的各个部门紧密合作，共同制订了 AI 应用的战略规划和行动计划。跨部门的协作确保了 AI 项目能够全面覆盖企业的各个业务领域，实现了整体的优化和提升。

（四）持续评估与优化

AI 战略转型不是一蹴而就的，需要持续评估与优化。在本案例中，未可知人工智能研究院为该金融企业建立了一套评估体系，定期对 AI 项目的效果进行评估，并根据评估结果进行调整和优化。持续的评估与优化确保了 AI 项目能够不断进步，实现长期的成功。

通过现场调研、基础培训、AI 战略工作坊和本地化解决方案部署，未可知人工智能研究院成功帮助该金融企业完成了 AI 战略转型。在这一过程中，未可知人工智能研究院不仅提供了技术支持，还帮助企业优化了工作流程和团队分工，实现了人力资源的合理配置。

通过这个案例，我们可以看到，AI 战略转型是一个系统工程，需要企业从战略规划、员工培训、跨部门协作等多个方面进行努力。同时，持续评估与优化也是确保 AI 项目成功的关键。希望这个案例能够为其他金融企业提供参考和启示，帮助它们在 AI 时代实现成功转型。

许多企业 AI 战略转型失败，是因为只做了"工具替换"，没有完成"能力迁移"。真正的转型是让员工从"操作工"变成"AI 指挥官"，让企业从"解决问题"进化到"定义问题"。

08

第八章

DeepSeek 将如何改变我们的世界

第一节　DeepSeek 对经济结构的重塑

一、产业层面的变革

DeepSeek 正在以前所未有的力量重塑我们的产业格局：推动传统产业的升级，催生新兴产业的崛起，加速产业融合的步伐。无论你是传统产业的从业者还是新兴产业的创业者，抑或是普通消费者，DeepSeek 都在深刻影响你的未来。

1.传统产业升级

DeepSeek 通过 AI 技术的应用，推动了传统产业的智能化转型。例如，在制造业中，DeepSeek 的 AI 系统能够实时监控生产线运行状态，预测设备故障并提出维护建议，从而提高生产效率和稳定性。在农业领域，其智能监测系统帮助农民优化种植方案，提升作物产量和质量。[①]此外，DeepSeek还通过降低AI开发门槛和成本，加速了AI技术在传统行业的普及化和实用化。

- **钢铁行业**：例如，湖南钢铁集团通过引入DeepSeek大模型，实现了本地化部署并进一步升级了大模型。该集团探索了100多个应用场景，其中30多个已成功落地，包括信息化建设、机器人应用和钢铁大模型引入等，显著提升了生产效率和质量。[②]

- **电力行业**：DeepSeek在电力行业的多个环节中发挥了重要作用，例如工业过程温度控制、设备检修指导和智能招采等。通过与AI助手的结合，DeepSeek实现了温度精准控制、故障智能排查和招标文件审核等功能，提升了生产效率和管理

[①] 朔州市人民政府.DeepSeek的惊艳突破对我国AI及经济社会发展的意义［Z/OL］.（2025-02-19）［2025-02918］.http://www.shuozhou.gov.cn/ztjs/fzyjzx/zkdt/202502/t20250217_719036.html.

[②] 刘燕娟，孙敏坚，刘笑雪.聚焦湖南代表团"媒体开放日"：创新开放的湖南生机盎然［Z/OL］.（2025-02-17）［2025-02-18］.https://mp.weixin.qq.com/s/YpxQibJuC3aDV_nbRTeT6Q.

水平。[1]

- **养猪业**：例如，牧原股份通过智能化养猪技术，将传统养猪业升级为现代产业。人工智能的应用不仅提高了生猪养殖的效率，[2] 还推动了整个行业的高质量发展。

2. 新兴产业崛起

DeepSeek 的技术突破为新兴产业的发展提供了重要支持。例如，在 AI 医疗领域，DeepSeek 推动了 AI 医疗变革，加速了多模态融合化应用场景的落地，降低了成本并加快了商业化进程。[3] 在内容创作和法律行业，DeepSeek 通过生成式 AI 技术革新了传统工作流程，释放了大量人力资源至更高价值的领域。此外，DeepSeek 的开源生态模式也为新兴 AI 企业提供了技术基础，促进了产业生态的繁荣。

---

[1] 智汇光伏.DeepSeek 点燃电力央企！超 9 家已接入！[Z/OL].（2025-02-17）[2025-02-18]. https://mp.weixin.qq.com/s/upw3h8DFVh5MEPIBrpvJug.

[2] 华夏时报.全国人大代表、牧原股份董事长秦英林：推进智能化养猪，推动生猪产业高质量发展[Z/OL].（2025-03-08）[2025-03-09]. https://news.qq.com/rain/a/20250308A05YB000?refer=cp_1009&scene=qqsearch.

[3] 陈铁林.AI 医疗怎么选？从数据优势+商业化前景+硬件结合出发[Z/OL].（2025-02-09）[2025-03-09]. https://finance.sina.com.cn/stock/relnews/cn/2025-02-09/doc-ineiwvfy5134930.shtml.

- **汽车制造**：多家车企如岚图汽车、猛士917和极氪等，通过与DeepSeek深度融合，推出了搭载AI助手的智能座舱系统。这些系统逐步通过OTA（Over-the-Air，空中下载）技术同步至车端，加速了智能驾驶技术的普及和应用。[①]
- **医疗和政务系统**：DeepSeek在医院、微信等平台的本地化部署，以及与政务系统的集成，推动了医疗和政务行业的数字化转型。这不仅提高了服务效率，还降低了普通人的使用门槛。

3. 产业融合加速

DeepSeek的技术创新促进了不同产业之间的融合。例如，AI技术在制造业、零售业和医疗行业的应用，推动了这些行业的深度融合和协同发展。同时，DeepSeek的高效部署和普惠性策略，使得AI技术能够更广泛地应用于各行业，进一步加快了产业融合的步伐。

---

① 杨阳. DeepSeek赋能车企+比亚迪智驾平权，2025年智驾平权有望加速［Z/OL］.（2025-02-11）［2025-03-09］. https://mp.weixin.qq.com/s/sMwNJ0dmj6p1QweLaN4i6w.

- **办公和工业制造**：DeepSeek通过开发智能客服、智能办公助手等应用，赋能企业实现智能化业务流程自动化和决策支持，显著提升了工作效率和用户体验。
- **教育和人才培养**：随着人工智能技术的快速发展，DeepSeek对人才结构和技能需求带来了重大变化，推动了教育和人才培养体系的调整，以适应未来产业的需求。

二、生产要素的重构

在传统的经济模式中，土地、劳动力和资本是三大核心生产要素。然而，随着DeepSeek等人工智能技术的崛起，这些要素正在经历前所未有的变革。

首先，数据成为核心生产要素。在过去，数据往往被视为一种副产品，但在DeepSeek的加持下，数据的价值被彻底激活。DeepSeek强大的数据处理能力，能够从海量信息中挖掘出极具价值的洞察。无论是企业优化生产流程，还是金融机构预测市场趋势，数据都成为驱动决策的关键力量。如今，数据的价值甚至可以与石油相媲美——它是现代经济的

"新石油"，成为推动经济增长的核心动力。

其次，劳动力素质要求提升。DeepSeek 的应用改变了工作场景，对劳动力的素质提出了更高的要求。在 AI 时代，重复性、机械性的工作逐渐被自动化替代，而那些需要创造力、数据分析能力和跨领域知识的岗位变得越发重要。劳动力市场对高素质、复合型人才的需求急剧增加。例如，一个数据科学家不仅需要掌握数学和统计学知识，还要熟悉编程和机器学习算法；一个市场营销人员不仅要懂品牌推广，还要会分析消费者数据。这种对人才素质的全面升级，正在重塑整个劳动力市场的格局。

最后，资本流向发生改变。DeepSeek 的出现吸引了大量资本的涌入。投资者敏锐地意识到，AI 及相关领域是未来经济的主战场。无论是风险投资、私募基金还是大型企业，都在纷纷加大对人工智能、数据科学和相关技术的投入力度。这些资本的流入不仅推动了科技创新，还加速了产业升级的步伐。传统制造业通过引入 AI 技术实现了智能化转型，金融科技公司利用 DeepSeek 优化了风险评估和客户服务。资本的流向发生改变，正在重塑全球经济的版图，让那些能够快速适应 AI 变革的行业和地区脱颖而出。

三、市场竞争格局的重塑

DeepSeek 的出现，不仅改变了经济的内在结构，还彻底重塑了市场竞争的格局。在这个新的时代，无论是企业还是创业者，都面临着全新的机遇和挑战。

首先，市场准入门槛降低。在过去，进入高科技领域尤其是人工智能领域，往往需要巨额的资金投入、顶尖的技术团队和漫长的研发周期。然而，DeepSeek 的开源特性和低成本优势，打破了这一传统壁垒。开源意味着任何人都可以获取和使用 DeepSeek 的基础技术，而其低成本的运行模式则让中小型企业和创业者能够以较低的门槛踏入 AI 领域。就像互联网时代让无数创业者能够搭建自己的网站一样，DeepSeek 让 AI 技术变得更加触手可及，为更多人提供了改变命运的机会。

其次，竞争优势的重新定义。在 DeepSeek 时代，企业要想脱颖而出，仅仅依靠传统的商业模式或规模优势已经远远不够。如今，企业需要具备更强的 AI 技术研发能力、丰富的数据资源以及强大的应用场景整合能力。例如，电商企业如果能利用 DeepSeek 更好地分析消费者行为，优化推荐系统，就能在竞争中占据优势；而一家制造业企业如果能通过AI技术提升生产效率、降低成本，就能在市场中脱颖而出。在这个新的竞争环境中，数据成为企业的"新资产"，AI技术成为企业的"新引擎"，而谁能更好地整合这些资源，谁就能在市场中占据主动。

最后，国际合作与竞争加剧。DeepSeek的出现，让AI技术在全球范围内迅速传播和交流。各国企业和科研机构通过合作共享技术、数据和经验，推动了全球人工智能的快速发展。然而，这种合作并没有掩盖竞争的本质。相反，DeepSeek的普及加剧了国与国之间的AI竞争。各国纷纷将AI技术视为国家战略资源，投入大量资金进行研发和应用。从自动驾驶技术到智能医疗，从工业自动化到金融科技，全球范围内的竞争无处不在。这种竞争不仅体现在技术的领先上，还体现在应用场景的拓展和市场占有率的争夺上。DeepSeek让全球的经济舞台变得更加精彩，也更加激烈。

DeepSeek的出现，让市场竞争的格局发生了翻天覆地的变化。它降低了门槛，让更多人有机会参与其中；它重新定义了优势，让企业必须不断进化；它加剧了竞争，让全球的玩家都在追逐同一个目标。在这个新的时代，无论你是创业者、企业家还是普通消费者，都必须了解DeepSeek，因为它正在塑造我们共同的未来。

第二节　教育体系转型中的 DeepSeek

一、教学方式的创新

在传统教育中，教学方式往往是"一刀切"的：老师在讲台上讲，学生在下面听，学习进度和内容对每个学生都是相同的。但每个孩子都是独一无二的，他们的学习速度、兴趣点和理解能力各不相同。这种"大锅饭"式的教学方式，很难满足每个学生的个性化需求。但 DeepSeek 的出现，正在改变这一切。

首先，个性化地规划学习路径。DeepSeek 就像一个超级智能的教育管家，它能够根据每个学生的学习进度、知识掌握情况，甚至学习风格，为他们量身定制一套专属的学习路径和内容。比如，有的学生数学学得快，但语文跟不上，DeepSeek 就能精准地为他推荐更多语文练习和阅读材料；有的学生喜欢通过听故事来学习，DeepSeek 就会用故事的形式讲解历史或科学知识。这样一来，每个孩子都能按照自己的节奏和方式学习，而不是被硬生生地塞进同一个模子里。

其次，提供智能辅导与答疑服务。在学习过程中，学生们总会遇到各种各样的问题。以前，他们可能需要等到课堂上举手提问，或者课后找老师单独解答。但 DeepSeek 的智能辅导系统改变了这一切。它就像一个 24 小时在线的超级老师，学生随时可以向它提问，无论是复杂的数学公式，还是晦涩的科学概念，DeepSeek 都能立刻给出详细的解析和指导。而且，它还会根据学生的理解程度，用不同的方式反复讲解，直到学生真正弄懂为止。这样一来，学习就不再是一个孤独和困难的过程，而是有了一个随时陪伴的"智能伙伴"。

最后，构建虚拟学习环境。想象一下，如果能直接走进历史事件现场，或者在虚拟实验室里做各种危险的化学实验，那学习该多么有趣！DeepSeek 通过结合像即梦、Vidu 这样的视频动画生成工具创建虚拟实验室、虚拟历史场景等沉浸式学习环境，让学生们仿佛置身真实的场景中。比如，在学习历史时，学生可以"穿越"到古罗马帝国，目睹角斗士的战斗和城市的繁华；在学习物理时，学生可以在虚拟实验室里自由地调整实验参数，观察不同条件下的结果。这种沉浸式的学习方式，不仅让知识变得更加生动有趣，还能激发学生的好奇心和探索欲，让他们在实践中真正掌握知识。

二、教育资源的优化与公平性提升

在传统的教育体系中，优质的教育资源往往集中在少数地方，比如大城市、名校，而偏远地区、农村或山区的孩子们，往往只能望"资源"兴叹。这种不均衡的资源分配，一直是教育公平面临的巨大挑战。但随着 DeepSeek 的出现，这一切正在悄然改变。

首先，共享优质资源。DeepSeek 就像一个神奇的"资源魔法棒"，不仅能够高效地搜索和获取信息，还能通过其强大的数据挖掘能力和智能算法，为用户提供精准的搜索体验。在教育领域，DeepSeek 利用大数据和人工智能技术，实现了教育资源的均衡分配，让每个孩子都能享受到优质的教育。此外，DeepSeek 还支持团队协作功能，用户可以共享数据、任务和分析结果，提高工作效率。通过这些功能，DeepSeek 不仅提升了信息获取的效率，还促进了知识的共享与传播。这样一来，这些原本只能在少数学校里看到的优质资源，就可以通过网络被更多学生共享。

其次，促进教育公平。教育资源的不均衡，往往让偏远地区的孩子输在起跑线上。但 DeepSeek 的在线教育平台正在改变这种局面。在那些交通不便、师资匮乏的农村或山区，

DeepSeek 的在线教育平台通过多种方式促进了教育公平。首先，DeepSeek 支持普通的个人电脑本地化部署，无须高端服务器，特别适合偏远地区学校使用。通过搭建本地教育数据平台，实现资源共享（如教案、题库等）和跨校协作，有效地缩小了城乡教育差距。

在线教育平台的普及打破了地域限制，使偏远地区的学生能够接触到全国乃至全球的优质教育资源，从而提升教育质量。DeepSeek 不仅优化了教育资源的分配，更在很大程度上促进了教育公平。它让优质的教育资源不再局限于少数人，而是像阳光一样洒向每一个渴望学习的孩子。无论他们身处繁华都市还是偏远山村，都能在知识的海洋里自由遨游。这或许就是 DeepSeek 给教育带来的最温暖、最有力的改变。

三、教育内容与课程体系的更新

在传统的教育体系中，课程内容往往是固定的，学科之间也泾渭分明。数学就是数学，语文就是语文，很少有交叉。但随着 DeepSeek 和人工智能的兴起，教育内容和课程体系正在经历一场前所未有的变革。

首先,培养 AI 素养。在 AI 时代,不懂 AI 就如同过去不懂电脑一样,会让人在未来的社会中处于劣势。因此,如今的教育内容中开始融入 AI 相关的知识和技能培养。从 AI 的基础原理到简单的 AI 编程,这些内容正在逐步走进学校的课堂。比如,孩子们可以通过有趣的编程游戏学习 AI 的逻辑,或者通过简单的机器人项目了解 AI 的工作原理。这些课程不仅帮助学生了解 AI 技术,还培养了他们对新技术的适应能力和创新思维。未来的社会是 AI 的社会,而 AI 素养将成为每个人必备的技能。

其次,加强跨学科融合。DeepSeek 的出现打破了学科之间的壁垒,推动了教育领域中跨学科的融合。AI 不再是一个孤立的技术领域,而是渗透到了艺术、人文、科学等各个学科中。学校也开始开设跨学科的课程和项目。比如,AI 与艺术的结合,让学生用 AI 生成绘画作品或音乐作品;AI 与人文的结合,让学生用数据分析历史事件或文学作品。这种跨学科的课程不仅拓宽了学生的视野,还培养了他们综合运用知识的能力。未来的世界是复杂的,需要的不再是单一学科的专家,而是能够跨学科思考和解决问题的复合型人才。

DeepSeek 正在重塑教育的内容和课程体系。它不仅让孩子们学习 AI，更让他们学会用 AI 的思维方式去探索世界。这种变革不仅是教育的进步，更是为未来社会培养适应者和创新者的必由之路。

第三节　DeepSeek 与就业市场变化

一、就业市场的供需变化

随着 DeepSeek 等人工智能技术的快速发展，就业市场正在经历一场前所未有的变革。这种变革不仅体现在新岗位的涌现上，还体现在传统岗位的转型以及人才需求的区域差异上。

首先，新岗位的涌现。DeepSeek 的发展催生了一系列与 AI 相关的新岗位，这些岗位在过去几乎不存在，但在 AI 时代却变得至关重要。例如，AI 训练师负责训练和优化 AI 模型，确保它们能够更好地理解人类的需求；数据标注员则通过标注数据来帮助 AI 系统学习和成长；AI 伦理专家则专注于研究和制定 AI 技术的道德准则，确保技术的发展不会对社会造成负面影响。这些新岗位不仅为求职者提供了新的机会，也反映了 AI 时代对专业技能的多样化需求。

其次，传统岗位的转型。许多传统岗位在 DeepSeek 的推动下发生了转型，对从业人员的技能要求也发生了变化。例如，客服行业曾经依赖大量人工客服来解答客户问题，如今 AI 聊天机器人已经能够高效地处理大部分常见问题，人工客服则更多地转向处理复杂和情感化的问题。同样，在设计领域，AI 工具能够生成基本的设计元素，设计师则需要更多地专注于创意和个性化设计。又比如在医疗行业，DeepSeek-R1 等 AI 工具能够辅助医生进行疾病诊断和治疗方案推荐，但这也要求医生掌握一定的 AI 工具使用能力和数据分析能力。这种技能要求的提升，促使传统岗位从业者不断学习新技能以适应市场变化。这种转型意味着，许多传统岗位并没有消失，而是变得更加注重人类的创造力和情感智慧。

最后，人才需求的区域差异。不同地区根据自身的产业特点和经济发展水平，对 DeepSeek 相关人才的需求存在显著差异。在科技产业发达的城市，如北京、上海和深圳，对高端 AI 研发人才和算法工程师的需求旺盛。而在一些传统制造业或农业占主导地位的地区，对 AI 技术支持岗位的需求更为突出，例如 AI 产品运维员和数据标注员。这种区域差异反映了 DeepSeek 技术在不同产业中的渗透程度和应用需求，也提示我们在人才培养和就业政策上需要更具针对性。

DeepSeek 正在重塑就业市场的供需格局。它不仅创造了新的岗位，也推动了传统岗位的转型，并加剧了人才需求的区域差异。在这个过程中，无论是求职者还是企业，都需要适应这种变化，积极拥抱 AI 带来的新机遇和新挑战。

二、就业市场的结构变化

随着 DeepSeek 技术的广泛应用，就业市场的结构正在发生深刻变化。这种变化不仅体现在行业间的就业流动上，还体现在就业市场的分层现象以及自由职业与零工经济的发展中。

首先，行业间的就业流动。DeepSeek 的出现促使人才在不同行业之间流动，这种流动趋势越来越明显。例如，传统制造业的工人开始转向智能制造领域，利用 AI 技术提升生产效率和产品质量。同时，金融行业的从业者也纷纷涌入金融科技领域，借助 AI 的力量优化客户服务和风险评估。这种跨行业的流动不仅为个人提供了新的职业机会，也为行业发展注入了新的活力。

其次，就业市场的分层现象。随着 DeepSeek 技术的普及，就业市场逐渐呈现出分层现象。这种分层主要基于劳动者对 AI 技术的掌握程度和应用能力。掌握 AI 技术的人才，如 AI 训练师、数据标注员和 AI 伦理专家等，成为就业市场的"香饽饽"，薪资待遇和职业发展空间不断提升。而那些未能及时适应技术变革的劳动者，则可能面临岗位被替代的风险。这种分层现象提醒我们，未来的职业竞争将更加依赖于对新技术的适应和创新能力。

最后，自由职业与零工经济的发展。DeepSeek 为自由职业者和零工经济从业者提供了更多机会和平台。例如，AI 内容创作者可以通过生成式 AI 技术快速产出高质量的内容，满足市场对创意内容的需求。智能客服接线员也借助 AI 技术实现更高效的服务，成为零工经济中的热门岗位。这种灵活的就业模式不仅为个人提供了更多选择，也为社会创造了更多元化的就业机会。

DeepSeek 正在重塑就业市场的结构。它推动了行业间的就业流动，加剧了就业市场的分层现象，并为自由职业和零工经济的发展提供了广阔空间。在这个过程中，无论是个人还是企业，都需要积极适应技术变革，提升自身技能，以便在新的就业生态中找到自己的位置。

三、就业市场的未来展望

站在 AI 时代的门槛上，DeepSeek 正以一种前所未有的速度改变着我们的工作环境。面对这样的变革，未来的就业市场会是什么样子呢？让我们一起探索一下。

（一）终身学习的重要性凸显

过去，很多人在毕业后就很少再主动学习新知识，但 DeepSeek 的出现打破了这种模式。技术更新换代的速度越来越快，今天学到的知识可能明天就会过时。在这种背景下，终身学习变得比以往任何时候都重要。

想象一下，一位传统制造业的工人，如果不学习新的智能制造技术，就可能被机器替代；一位金融分析师，如果不掌握 AI 数据分析工具，就可能在竞争中落后。DeepSeek 不仅改变了工作方式，也改变了我们对学习的认知。它要求我们时刻保持好奇心，不断更新知识和技能，这样才能跟上时代的步伐。

幸运的是，现在的学习资源比过去丰富得多。在线课程、虚拟实验室、AI 辅助学习工具……这些都让学习变得更加便捷和高效。无论你身处何地，只要有网络，就能接触到全球最前沿的知识。终身学习不再是一种负担，而是一种享受,一种探索未知的乐趣。

(二)人机协作的就业模式

在未来的工作场景中,人机协作将成为常态。DeepSeek赋予机器强大的能力,但人类也有机器无法替代的独特优势。比如,机器擅长处理数据和执行重复任务,而人类擅长创造力、情感沟通和复杂决策。未来的工作,将是人类和AI系统协同合作,各展所长。

举个例子,医生可以借助AI辅助诊断系统快速分析病例,但最终的治疗方案仍需要医生凭借经验和情感判断来制定;设计师可以用AI生成初步的设计方案,但最终的设计创意和艺术表达仍离不开人类的智慧。这种人机协作的模式不仅能提高工作效率,还能创造出更完美的成果。

为了适应这种模式,劳动者需要学会与AI系统协同工作。这意味着我们要学会理解AI的思维方式,知道如何向AI提问,如何利用AI的优势来弥补自己的不足。

(三)就业政策与保障体系的完善

DeepSeek带来的就业市场变化是巨大的,但并不是所有人都能轻松适应。为了帮助劳动者更好地应对这种变化,政府和社会组织需要制定相应的就业政策和保障体系。

一方面，政府可以通过职业培训补贴、再就业计划等方式，帮助那些因技术变革而失业的人重新找到工作。比如，为传统岗位的劳动者提供AI技能培训，让他们能够顺利转型到新的岗位。另一方面，政府还可以通过立法保护劳动者的权益，确保在人机协作的工作环境中，人类劳动者不会被不合理地替代或剥削。

社会组织也可以发挥重要作用。工会可以为劳动者提供法律援助和职业指导；行业协会可以制定行业标准，规范人机协作的模式；教育机构可以与企业合作，开发更贴合市场需求的课程。

总之，未来的就业市场需要一个更加完善的支持体系。只有这样，我们才能在享受DeepSeek带来的便利和机遇的同时，保障每一个劳动者的权益，让技术变革的红利惠及每一个人。

DeepSeek正在重塑我们的就业市场，但只要我们做好准备，积极应对，就能在这个充满机遇的新时代找到属于自己的位置。